U0303710

[美]希瑟·罗迪诺 著 陈晓宇 译

绿植
这么养
就对了

新手也能驾驭的
50 种爆火室内植物

中信出版集团 | 北京

图书在版编目（CIP）数据

绿植这么养就对了：新手也能驾驭的 50 种爆火室内
植物 /（美）希瑟·罗迪诺著；陈晓宇译 . -- 北京：
中信出版社，2020.10
书名原文：HOW TO HOUSEPLANT: A BEGINNER'S
GUIDE TO MAKING AND KEEPING PLANT FRIENDS
ISBN 978-7-5217-2087-7

Ⅰ . ①绿… Ⅱ . ①希… ②陈… Ⅲ . ①观赏植物—观
赏园艺 Ⅳ . ① S68

中国版本图书馆 CIP 数据核字 (2020) 第 139996 号

绿植这么养就对了——新手也能驾驭的 50 种爆火室内植物

著　者：[美] 希瑟·罗迪诺

译　者：陈晓宇

出版发行：中信出版集团股份有限公司

　　　　　（北京市朝阳区惠新东街甲 4 号富盛大厦 2 座　邮编　100029）

承　印　者：鸿博昊天科技有限公司

开　　本：787mm×1092mm 1/32　　印　　张：6　　字　　数：120 千字

版　　次：2020 年 10 月第 1 版　　印　　次：2020 年 10 月第 1 次印刷

书　　号：ISBN 978-7-5217-2087-7　　京权图字：01-2019-7182

定　　价：68.00 元

版权所有·侵权必究

如有印刷、装订问题，本公司负责调换

服务热线：400-600-8099

投稿邮箱：author@citicpub.com

这本书献给我的母亲——**罗薇娜 · 罗迪诺**，因为她每次来看我的时候，都帮我除掉植物上的介壳虫。

目 录

第一部分 | 植物养护入门

第二部分 | 植物档案

推荐序

一个美好的家，当然不能只有人类这一种生物。

这些年，通过观察中国年轻人的居住习惯，我发现越来越多人把植物当成宠物来看待：家是人类的，更是植物的，植物不仅可以美化家居细节，更是一种安静的陪伴，抚慰、治愈疲惫的心灵。人类在对植物进行选购、浇水、松土、施肥、扦插的过程中，内心的焦虑感也得到了极大程度的释放。

在全球的家庭园艺作者中，美国作者是我心中当之无愧的 top（顶级）选手，他们对于植物的品位和方法论，是绝对的品质保障。我想很兴奋地告诉你，作为一名"植物狂魔"，也作为蹲守好好住 App（应用软件）中数以万计植物狂魔"住友"的观察家，我确信，这本书中提到的 50 种植物，都非常值得你养在家中。

养植物有三个关键点：一是切忌流俗，但对绝大多数人而言，也不适合养太特殊、太珍稀的品种；二是要有方法，而掌握家庭绿植养护的方法，其实远不至于学习大部头植物学专业著作；三是养植物是一个过程，不要因为它们的死死活活过于焦虑，你需要不断尝试，不断寻找适合养在你家、符合你的生活习惯的品种，不要被植物PUA（精神控制）。

上述三个关键点中的前两点，这本书完全可以给你专业且实际的建议，而第三点，需要我们做时间的朋友，用心挑选、养护，假以时日，你一定会拥有一个不烂俗又好打理的植物生态之家。

养植物不仅仅是面子工程，更是你每天归家时内心重建的环节，学会与它们共生，这本就是自然界的基本法则。

"好好住"创始人

2020 年 8 月

序言

　　我们很容易就被室内植物和它们带来的安静和快乐吸引。它们不仅能美化我们的家，还能为室内空间注入更多生命力。不管是粉刷一新的小出租屋，还是宽敞的大房子，植物都能帮你把它变成家。这些室内植物带我们暂别生活压力，改善室内空气质量，放松我们的情绪，我们的身体健康甚至也随之受益。心动了吗？还有好消息呢！种植室内植物没有固定模式，你可以把它们当成宠物，利用它们的美凸显室内装饰风格，或者将它们看作引入室内的"大自然"。

　　此外，不要觉得照顾室内植物很麻烦。其实，只要掌握正确的信息，任何人都可以和它们做朋友。世上真有所谓的"黑拇指"或者"植物杀手"吗？千万别这么想，即便你之前在养植物方面总是欠点儿运气。这是正常现象，种植室内植物的过程中总会出现一些问题。如何挑选植物？植物需要多少光照？多久浇一次水？忘记浇水会怎样？

一定要施肥吗？多久施肥一次？怎么才能知道植物需要换盆？要用哪种盆土？叶子为什么会变成棕色，以及这些虫子又是从哪儿来的？如果你曾被这些问题困扰，看这本书就对了。即使你不知道会出现什么问题，只是担心自己家中的植物一个个枯萎，这本书也会手把手地教你养护的基本知识，学会如何照料并最终爱上室内植物。

让植物活下来并一直健康成长，就是一场战斗。很多人都有这样的战斗经验，我也不例外。我走进花店，看中一盆植物（好吧，我承认其实是 5 盆），然后带回家。一开始它们会长得很好，好状态会维持一段时间。几个月后，无一例外地，伤亡出现了。到底是哪里出错了呢？痛定思痛，我决定更加慎重地对待室内植物，投入更多精力学习如何照顾它们。

学习过程中，我发现，多数人都忽略了一个显而易见的细节（我过去也疏忽了）：了解你喜欢的每一种植物，知道如何让它们在你的房间里安家。之后这本书会教你如何根据家里的环境选择适合的植物。如果你看中了一种不适合你家环境的植物，那就要做好心理准备，适当降低期望值，不要因为植物长得不好而失望（但是，谁知道呢？有时候植物也会因为你的热情付出而茁壮成长）。

每天花一点时间和植物相处，能让你受益匪浅，你会更清楚它们的需求。全神贯注地观察，虽然简单，效果却超乎想象——你会成为植物养护专家，轻松地让植物在你家这个小气候中健康成长。你了解到，原来不需要同时给所有植物浇水；你能及时发现病虫害，并成

功治愈你的植物；你呼出二氧化碳，满足植物的生长需要。不仅如此，偶尔停下来看看家里的植物，会让你有机会远离电子产品的干扰，重新审视自我。当你成功的时候（这可不是假设哦），植物会长出新叶或者开花，你能体会到一种无与伦比的成就感，信心十足地面对更多植物朋友。

拿起这本书，你就离成功近了一步。接下来，你会学到照顾植物的基本知识，了解 50 种备受喜爱且久经考验的室内植物，包括一些室内新宠。我希望，你能因此拥有足够的信心和技术去培育自己的植物群落——绿植这么养就对了！

第一部分
植物养护入门

光明之路
了解光照

　　说到植物，很少有人会把它们和家里的光线联系到一起。而实际上，你家的光照条件可能是挑选合适植物的关键因素。毕竟，浇水习惯和湿度都可以调整，但是你不太可能随意在家里开一扇朝南的窗户（特别是在你家没有的情况下），不如花些时间了解家里的光照情况和植物对此的反应。你可能已经看中一株琴叶榕，但是如果家里不能给它提供明亮的光线，你就只能面对花钱买失望的结果了。

　　开始为家里挑选植物之前，我们先聊聊植物为什么需要光照。光是植物的"食物"。有了光，植物就能进行光合作用，利用光、水和空气中的二氧化碳合成养料。这些化合物被转化成葡萄糖，同时将水分子分解为氧气释放到空气中。

　　光照可以说是室内园艺中最令人困惑的一个问题。植物标签上很少写明光照要求，即便有，也说得不清不楚。那么，我们怎么确定家里的光照条件是否能满足植物所需呢？

光照强度取决于很多因素，包括窗户的朝向、大小（干不干净也很重要）和你家的位置；不同季节乃至每天的每个时间段，光照强度都有变化。此外，窗外的遮挡物（比如隔壁居民楼或是树木）也会有影响。把植物摆在家里的哪个位置呢？最好的办法是了解每个朝向（东西南北）的光线强度，关注家中的光照条件和植物在你家的反应。不要害怕，多试几次！植物若是歪向光线生长——植

一盆芦荟，一盆镜面草和一盆紫叶酢浆草，在窗台上开心地沐浴间接光

物的向光性，这或许说明它接受的光照不够。反过来，植物也和人一样会晒过头，甚至被晒伤。不过有些植物，能逐渐适应较强的光照（见第 8 页）。

很多室内植物，比如这盆翡翠木，歪向光线的方向生长。想要植物均匀生长，每次浇水的时候把它旋转 90 度。向光性同时意味着你的植物接受的光照不足

植物与健康

多亏了被广泛引用的 NASA（美国国家航空航天局）等机构的研究，我们现在都知道植物能改善空气质量，减少室内甲醛、苯、三氯乙烯等挥发性有机物（英文简写为 VOCs。与一系列健康问题有关，地毯、室内装修产品、油漆、清洁产品、空气喷雾等家居用品中都含 VOCs）。

室内植物能提升幸福感。2015 年的一项研究发现，与室内植物互动能极大缓解人们的生理和心理压力。另一项 2009 年的研究显示，植物有助于术后病人的康复。在监狱、养老院、少管所（少年犯管教所）和老兵之家等机构，园艺治疗已经成为一种常规手段，帮助解决监护对象的创伤后应激障碍（PTSD）、焦虑、抑郁等各种心理问题。

北向

朝北的窗户或房间只能接受间接光照，是公认的低光强位置（唯一的例外是北向的凸窗，那里多少能接受到东面或西面的阳光）。大部分植物在朝北的房间里都不能很好地生长，冬季更是如此，不过也有不少植物能放在那里。你可能没法选择迈耶柠檬树这样的品种，不过绿萝、春羽以及维多利亚时代的宠儿——蜘蛛抱蛋都能待在朝北的房间。你甚至可以在这里摆上一盆令人惊艳的兜兰，关键是尽量靠近光源。白色的墙面和镜子能够反射光线，有助于提升光照强度。如果你真的对室内植物着迷，还可以用日光灯或生长灯来补充光照，这样就有更多植物可选了。

完全相反的情况

对南半球的植物爱好者来说，北向的位置接受的是直射光，南向才是间接光。

南向

我们经常听人提到朝南的房间。房产经纪人最喜欢炫耀这一点，但是它对植物来说意味着什么呢？一般情况下，如果你家有朝南的窗户，就能养需要全日照的植物。在朝南的位置，植物全天都能获得明亮、强烈的光照。大部分仙人掌、多肉植物和柑橘类植物都喜欢全日照，但对其他植物来说这个位置的光照过强。如果是后一种情况，你可以把植物放在离窗户有点距离的屋内，或者挂上窗帘、百叶窗，这样就有了过滤后的明亮光线。在日照时间较短的冬季，光线较弱，可以试着把植物放在朝南的窗台上。尽管它们可能不需要这种强度的光照，但接下来你会发现，它们适应得还不错。

百叶窗和窗帘能让光照最强的窗台更适合植物的生长，即便它们无法适应长时间直射光

东向

　　植物在朝东的窗台上能获得日出的晨光。这种光照时长不定，一般随季节变化。午后，朝东的植物能休息一会儿，只接受间接光。很多需要明亮光线但不能接受全日照的植物乐于待在朝东的位置，需要中低强度光照的植物在这里也能生长得很好。朝东的位置还适合那些

喜凉和易晒伤的植物，因为这里的温度比西向低。

西向

西向有什么好处呢？你的植物虽然在这里晒不到晨光，但是能获得比上午更热、更强的午后阳光。有更高的光线需求的植物在朝西的房间，尤其是西向窗台上能够很好地生长。需要明亮间接光的植物，可以放得离窗户远一些。喜欢温暖、干燥环境的植物也适合摆在这里。

多来点儿阳光!

阅读植物档案的种植建议，你会发现，有些会教你让植物适应更明亮的朝向（比如东向或西向），甚至是室外。每天让它们在新位置上待几个小时，并逐渐延长放置的时间，直到它们能一直待在那儿。这个过程可能会持续几个星期。如果植物的叶子开始出现棕色斑点（晒伤的迹象）或者打卷，就放慢步调，延长适应的过程。

水世界
关于浇水的一切

既然你已经知道把植物放在家中什么位置，那么之后如何照顾它们呢？我们一起来了解照顾植物的下一个关键点——浇水。每株植物对水分都有自己的要求。买一盆新植物回家时，要弄清楚它的习性，然后大胆地让它适应你家的环境。

浇水的时机

能保证一周给植物浇一次水，就很不错了。但是这个频率，对一些植物来说根本不够，比如蕨类；对另一些植物来说又太频繁，比如仙人掌和多肉植物。温度、湿度和季节变化都会影响植物对水分的需求。例如，与温暖、干燥的环境中的植物相比，凉爽、湿润的房间里的植物就不需要频繁地浇水。你还会发现，冬天浇水的次数比夏天少，因为一些植物会在室温较低的冬季休眠。相反，另一些植物在冬季要多浇水，因为热量的散失让它们更容易缺水。花盆的种类对浇水也有影响。塑料花盆比陶土花盆更保水，因为后者有更多孔隙。考虑到这么多影响因素，什么才是浇水的秘诀呢？

成功的关键就是定期检查植物的需水状况，而不是机械地浇水。土壤表层约2.5厘米变干时，就可以浇水了。大部分植物都是如此，但也要根据具体状况调整。另一个方法就是拿起花盆称重。需要浇水的植物，比浇透水的时候轻得多。经常练习，才能熟悉一盆植物的重量。

最好的方法是从一开始就养成定期检查植物需水情况的习惯。如果你总是忘记，就在手机上设置提醒。不要早晨一起来就对着电脑或平板电脑，端一杯咖啡或茶去看看你的植物伙伴。或者，在一天的工作结束后，远离人类世界，再次进入你的植物园。

浇水的方法

浇水时，不要小气。将水直接倒进土里，直到水从盆底的排水口流进托盘，确保植物整株湿润，而不是只有某一处有水（不需要经常浇水的植物，比如仙人掌和多肉植物，同样适用）。多余的水分都流进托盘之后，把水倒掉，就浇完啦！如果用卵石水盘来增加环境湿度

（见第 18 页），要保证托盘里有水而盆底不浸水。

浇水过多是头号植物杀手

没有植物愿意待在烂泥里，

那会使它们感染真菌患上根腐病（见第 44 页），

最终导致植物死亡。浇水没有规律也会伤害植物，

它们会更容易感染病虫害。

水质和温度

大部分植物浇自来水就可以。但是有些植物对硬水、氯和氟很敏感，对于这样的植物，专家建议用雨水、静置水或过滤水。如果你能收集到雨水，那再好不过。其实过滤水就能拿来浇灌植物，而且很方便。给植物浇水的温度也很重要：一定要用温水。

特别的浇水方法

大部分植物都要由上至下浇水，即将水直接倒进土壤（这被称为顶部浇水）。有些植物则需要特别的方式，比如非洲紫罗兰通常从底部浇水，因为它们的叶片非常脆弱，如果水沾在叶片上会褪色或腐烂。底部浇水，就是把花盆放到一个水深 2.5~5 厘米的盘子里，放置半小时，让植物通过底部的排水口充分吸收水分。蝴蝶兰可以这样浇水，因为它们的盆土中有大块树皮，有很强的吸水性，将其放到水温与室温相当的水盆中浸泡 20~30 分钟，每周一次即可。至于其

水壶的喷嘴又长又细，让你想浇哪里就浇哪里

他植物，像凤梨科植物，中央有一个"花瓶"结构，你可以直接把水倒进去。但是对于鸟巢蕨这样的植物，把水倒进植株中心会导致其腐烂，所以它们更喜欢水直接浇入土壤。重申一遍，先了解植物对水分的需求再浇水。

空气流通好，植物长得好

天气暖和的时候（千万别有冷风），
打开窗户通风，也可以拧开风扇或小台扇。注意，
不要把植物放在暖风机或空调的出风口。

施肥

很多盆土都包含肥料，提供植物生长所需的营养；如果长在室外，植物就吸收土壤中有机物腐烂分解后得到的营养物质。随着时间推移，盆土中的养分会被植物消耗殆尽，于是肥料成了它们健康、快乐生长的关键。

就像不能太热衷于给植物浇水一样，你也不能过度施肥。更多肥料，并不意味着更多收获。过度施肥会导致植物叶尖变棕色、叶片变黄、生长过慢等一系列问题。不过，适当或者说保守地施肥，能改善植物营养不良的状况，让它们茁壮成长。

通用液体有机肥是绝佳的选择。直接把它加进水壶中，浇水时大部分植物都能吸收。也有为柑橘类、兰花、非洲紫罗兰等植物配置的专用肥料。如果选用多为水溶配方的无机肥，要注意包装标签上的数字。这些数字标注了营养成分——氮、磷和钾的配比，一个平衡的配比意味着三种成分比例相当（比如 5∶5∶5 或 10∶10∶10）。不过，开花植物需要磷含量更高的肥料（比如 15∶30∶15），这能让花朵更大、花期更长。

　　肥料还有其他形式，比如颗粒状的可以撒在盆土上，缓释肥桩可以插在土里，但是注意，这样施肥不均匀。

下面是施肥指南：

　　·肥料用量不要超过标签建议的 50%，这样能够减少肥料盐分堆积，避免伤根。

　　·一般来说，春夏两季植物生长旺盛，要一个月施肥一次；秋季减少施肥，冬季大部分植物可以不施肥。

　　·把植物放到水槽里，大量浇水。每年几次，让水冲走堆积的肥料盐分。

　　·如果盆土中含有肥料，那么换盆一个月之后再给植物施肥。同样，带一盆新植物回家，先放几周，等它适应了新环境再施肥，因为它可能近期刚施过肥。

　　·不要给感染病虫害的植物施肥。这乍一听好像不合理，但是此时施肥弊大于利。我们应该做的是先处理病虫害，等植物康复之后再施肥。

哦，湿度

为什么它（有时）很重要

湿度代表空气中的水分含量。有些植物喜欢湿润的环境，有些则毫不在乎。你要知道哪些植物需要湿润的环境，这样才能让自己的家变得适合植物生长。如果空气太干燥，植物的叶尖会变成棕色，花苞还没开就脱落。这本书里所有植物的养护要求里都有这么一条：是否需要增加湿度。

我发现，湿度常会成为成功养护植物的绊脚石，但是植物对湿度的要求实际上很容易理解，而且需要的话也不难实现。

这里有一些经验分享（当然，一定会有例外给大家）：叶片纤细、柔弱的植物（比如蕨类、网纹草和嫣红蔓）和热带植物喜欢潮湿的环境。大部分仙人掌和多肉植物，因为有丰满的叶片和枝干，所以要求正相反。想想它们所在地区的气候就知道了，热带气候温暖、潮湿，相比之下沙漠气候则炎热、干燥、阳光炙热（不过，丛林仙人掌喜欢潮湿的环境）。

虽然许多室内植物极喜欢 70%~80% 的湿度，但这种湿度并不现实，还会让家里的人类居民感觉不舒服。幸运的是，你的植物也能适应从 50% 到超过 60%（但不足 70%）的湿度，而且多数能够忍受不甚理想的生存环境。我有一个数字温度湿度计可以显示室内温度和湿度百分比，不过确定室内湿度的方法还有很多。你所在地区的气候就是一个参考。你住在空气干燥的沙漠地区，还是湿度偏高的亚热带地区？此外，暖气和空调会让室内空气变干。看看你的皮肤，是不是干燥、粗糙？如果是的，说明你家很干燥。这时如果你不想为植物的湿度操心，就选择能很好地适应干燥空气的植物。这本书后面的植物档案里就有介绍。

适宜生长的室内（温度）

大多数室内植物来自热带或亚热带地区，这使得它们非常适合待在温差较小的室内。一般来说，16~27 摄氏度的平均室温适合大多数植物生长；在稍冷或稍暖的温度环境中，它们也可以生存。翻翻植物档案，那儿有更多具体的建议。

争论焦点：喷雾还是不喷雾？

一些园艺书籍和专家会告诉你：必须给你的植物喷雾，增加环境湿度。也有人会说喷雾没用，因为效果并不长久，更有甚者会导致叶子敏感的植物生病。备感困惑的植物新手该怎么办呢？我不会给植物喷雾，因为我的居住环境就很湿润。如果你住在干燥的地方，养了几株对湿度要求高的植物，那就给它们喷雾吧。在空气干燥的冬天，喷雾也能很好地提升湿度。但是，动用你的老式黄铜喷壶之前，先确定不同植物的湿度要求。对非洲紫罗兰一定要温柔，或者直接跳过，因为叶片上的积水会留下斑点。对喜欢潮湿的波士顿蕨，你就不用客气啦。

这里有几种简单的方法为你的植物增加湿度。

调整浇水时间：如果空气特别干燥，你的植物就比在更潮湿的环境中时更需要水分，要更频繁地浇水。

使用卵石水盘：卵石水盘的制作非常简单。在托盘里装满鹅卵石，加水，水不要没过鹅卵石。将植物放在鹅卵石上面，而不是水里。水盘里的水分蒸发会增加植物周围的湿度。记得定期清洁托盘，防止霉菌滋生。

组建一个植物"帮派":
把几株植物放在一起, 它们能形成自己的小气候, 自动提升湿度。

打开加湿器: 如果你养了很多对湿度要求较高的植物, 可以考虑用加湿器。你会发现, 这对自己也有好处!

卵石水盘自己就能做, 在托盘或碟子里放一把鹅卵石和小石头就行

做一个玻璃盆景: 一些喜湿的植物能在玻璃盆景里茁壮成长, 而且它们在里面看起来特别可爱! 网上有很多参考案例。

将植物移至更潮湿的房间: 如果你的浴室或厨房里有足够的光线, 可以把喜湿的植物放在那里。

网纹草、苔藓和常春藤组成了玻璃樽里的小世界, 成为架子上或书桌的角落里引人注目的装饰

又弄脏了①
了解盆土

什么是盆土？首先要说明，这里面没有任何土壤。相反，它是几种成分的混合物（见第22页盆土成分的介绍），每个制造商都有自己的混合配方。配置盆土实现了保水、通气和排水三者的平衡，同时给植物根系提供生长空间。在园艺节目或文章里，它们被称为"无土栽培混合物"或"盆栽介质"。

有必要说明一下，你可不能出门挖一些泥土回来，就倒进盆里。如果是户外园艺，使用这些泥土完全没有问题，因为蚯蚓和其他爬虫可以给土壤通气。但是在花盆中，室外土壤会变得极其稠密坚硬，

---

① Soiled Again，一方面点出本节主题——土壤，另一方面幽默地模仿俗语 Foiled Again——动画片中邪恶计划被代表正义的主角阻止之后，反派人物常会说的一句台词，意思是"又失败了"。——译者注

绝对不是理想的植物生长介质。其中还可能含有害虫和其他对植物生长没有帮助的生物。还有,不要购买标有"花园土壤"的那种土,那是户外园艺用的,并不适合盆栽。可能的话,尽量选择有机产品。

刚开始养室内植物时,我建议用别人配好的盆土。你当然可以自己配,跑去很远的园艺市场,买几大包神秘的物质,然后像期望中的一样,在家里地板上,把两份这个、一份那个,还有一份其他什么东西混到一起,我觉得你到时候会重新考虑种植室内植物这件事儿。不如了解一下已经配好的盆土,看哪些能满足你的需要。

通用盆土

名字说明了一切,它是最常用的,通常用"通用盆土"或简单的"盆土"二字标示。大多数植物用它就够了。如果植物有额外的排水需求(查阅植物对土壤的具体要求),你可以加入珍珠岩、蛭石或沙子。

许多盆土配方里都有珍珠岩,就是那些白色小颗粒

盆土成分：了解盆栽介质

盆土秘方里有什么呢？它们一般包含如下成分。

树皮（或者树皮粉末）：将腐熟树皮压碎或切碎得到的细小颗粒，通常用松树皮。

椰壳纤维：一种由椰子壳制成的纤维碎片，能很好地保持水分，既不会破坏环境，又能持续使用，是很好的泥炭苔替代品。

石灰石：石头磨碎了加到介质中，可以调节以泥炭苔为基质的盆土的酸碱度。

泥炭苔（又被称为水藓泥炭苔）和腐殖质：泥炭沼泽深处有机物分解得到的物质，有助于保持盆土的营养和水分。泥炭腐殖质比泥炭苔分解得更充分（许多园丁担心使用泥炭对环境和可持续性发展的伤害，因此改用椰壳纤维）。

珍珠岩：轻质白色小球，看起来像塑料泡沫，实际上是加热的火山玻璃，可以改善盆土的通气性和排水。

沙子：添加到盆土中提升通气性，改善排水。

水苔：沼泽表面收集到的鲜苔藓风干后就是水苔。几千年后，苔藓会分解形成泥炭。水苔通常用作兰花的盆栽介质。

蛭石：超高温加热云母膨胀后形成的物质，有助于保持水分，改善盆土排水，不过没有珍珠岩常见。

蚯蚓排泄物：一种由蚯蚓粪便制成的营养丰富的天然肥料（别担心，它不臭）。

仙人掌和多肉植物专用盆土

仙人掌和多肉植物不喜欢自己的根泡在水中，所以需要排水顺畅的盆土。人们通常会添加河沙加速排水。你也可以用这种盆土来种植棕榈树，毕竟野生的棕榈树就长在沙滩上！

兰花和凤梨科植物专用盆土

许多兰花和凤梨科植物是附生植物，其实就是我们所说的空气植物。附生植物不长在土壤中，而是从空气和雨水中吸取养分。它们通常附着在其他植物上，例如树杈上。要让附生植物在花盆里生长，需要使用兰花或凤梨科专用盆土，保证快速排水和通气。这种盆土通常由大块树皮、大块珍珠岩或者木炭制成，也可以用椰子壳制成的碎片，不过需要补液。如果你不想弄脏双手，就一定会喜欢兰花土！

兰花用树皮，一种主要由树皮组成的特殊盆栽介质，树皮块有小、中、大（如图所示）三种尺寸

一起去购物!

　　我们已经评估了家里的光线和湿度条件，了解了可能需要的各种盆土，但是去苗圃挑选你的植物之前，这里还有一些建议给你。

　　如果你家空间有限，就用小盆的植物来装饰窗台、桌子或架子。别忘了天花板哦! 你可以把植物放在吊篮或吊盆里，充分利用室内空间。如果你的房间又大又宽敞，就考虑更大的落地植物和观赏树木，它们会让你家焕然一新。你想要郁郁葱葱的热带风情，还是喜欢干净整洁的植物? 偏好绿萝或洋常春藤这样的攀缘植物吗? 或者，你更喜欢开花植物，为室内空间增添色彩。

　　你还要评估自己的生活方式，挑选植物是来充实你的生活的，而不是为了束缚。如果你喜欢照顾，就选那些需要精心养护的植物; 如果你除了偶尔给植物浇水，几乎忘记它们的存在，多肉植物和仙人掌是很好的选择。你可以从《寻找你的专属室内植物》这一节开始搜索适合自己的植物，而且后面的植物档案能够满足以上所有需求。

准备好了吗？去买植物吧！

许多花市和苗圃专门培育室内植物，比大卖场的选择更多

应该去哪里买植物？

最好去花市或苗圃，在那里你可以向消息灵通、受过专业教育的植物专家求教。以他们对植物的了解，可以解决你的任何问题。大卖场里的员工可能并不了解自己所出售的植物，但你也能从那里买到健康的植株。

如果当地的苗圃没有你想要的某种植物，可以上网查询。有许多

口碑卖家会把活体植物运送给你。如果你担心到货后对植株不满意，或者运输过程中植株会有损伤，就找有退款保障的卖家。

如何挑选植物？

一定要选健康的植物，看起来精神饱满，而不是萎靡不振的那种。叶子或茎变黄、变褐的植物不能要。多肉植物的叶子摸上去应该是坚硬的，而不是瘪皱的。检查叶片下方，确保没有生虫或生病的迹象；查看土壤是否有感染。将一棵生病的植物带回家，它不但会很快死去，浪费了刚花的钱，还可能感染其他健康的植物，传播疾病。阅读《出什么事了？常见植物问题解答》这一节，学习识别常见的植物问题，并确保买到健康的植物。

如果你看中了某种植物，但不知道怎么照顾它，不要羞于寻求帮助。如果不能给植物提供茁壮成长所需的环境，还不如把它留给别人；或者管理好你的期望值，以防结果不尽如人意。

买完植物之后，即便还没离开店铺，对它们的照顾也已经开始了。许多植物对寒冷的环境非常敏感，所以如果在冬天购买，哪怕只是在室外走一会儿，也一定要给你的新朋友适当的保护（牛皮纸就行），然后尽快带回家。有些植物，尤其是热带植物，最好在它们的生长季节，即春季和夏季购买。有些事情显而易见，我还是不得不提醒你：千万别把植物落在车里，车里不是太热就是太冷，那样它们就死定了。

(植物学) 名称由什么组成?

我们通常用俗名称呼各种植物:"橡树""非洲紫罗兰""蝴蝶兰"等。然而,这种名字有局限性。因为不同的地区叫法不同,一个人口中的"芝麻菜"可能被另一个人叫作"火箭"。此外,一个普通的名字可能包含多个属和种。来盆"铜钱草"!哪种铜钱草呢? Lunaria annua(银扇草),Crassula ovata(翡翠木),Epipremnum aureum(绿萝),Pachira aquatica(发财树)还是 Pilea peperomioides(镜面草)?这五种植物有时都被称为铜钱草,却是完全不同的植物。真让人头疼。

这时候植物学名称就派上用场了。植物学名称是拉丁文或拉丁化名称——官方叫作二项式命名法,由植物属和种两部分组成。无论在哪里,波士顿、布里斯班还是布宜诺斯艾利斯,一种植物的植物学名称都一样。

举个例子,金边虎尾兰(Sanseviera trifasciata 'Laurentii')是一种虎尾兰,"Sanseviera"是包含几十种植物的属,"trifasciata"是其中一种,栽培品种的名字会出现在属和种之后的单引号中,例如'Laurentii'。如果一种植物与另一种植物杂交,产生杂交品种,那么植物学名称中会有一个乘法符号 ×,比如迈耶柠檬树的名字就写作 Citrus × meyeri。

真的需要知道植物的名字才能照顾好它们吗？那倒不一定，但是了解这些可以使检索植物信息或寻找特定植物变得更容易。如果你开始对植物着迷，可能会在无意间记住一些植物学名称。如果家里有一盆羽裂喜林芋（Philodendron bipinnatifidum），那么通过它进而认识同属的圆叶喜林芋（Philodendron hederaceum），会让你收获只属于植物痴的快乐。

还需要什么其他工具呢？

你可以买到各种各样的园艺工具和小玩意儿，但以下几样一定要备好。

花盆和托盘

刚买来的植物一般是装在塑料盆里的，但你可能想换一个更漂亮的容器来凸显它的美。植物和花盆都是装饰的一部分，同样的植物放在不同种类的花盆里，效果千差万别。幸运的是，我们有很多种花盆可以选择。最常见的材质是陶土，也有陶瓷、混凝土、泥土或金属制成的花盆。哦，别忘了，顺带买一个与材质相称的托盘。

陶盆与其他材料制成的容器混合搭配，会让你的植物收藏看起来出人意料地有趣

花盆最重要的一点是底部有一个或多个排水孔。如果你喜欢的花盆底部没有排水口，就把它当作一个装饰套盆，里面再放一个正常的花盆。浇水的时候，把里面的盆从套盆里拿出来，放到水槽里浇水，等水完全排空之后，放回套盆，直到下一次浇水时再取出。你也可以用编织篮或布艺篮掩饰一个平淡无奇的花盆。

园艺铲

一把小铲子或挖土勺让移植变得易如反掌。

园艺手套

给植物换盆的时候，只要接触盆土就可以戴

如果植物容器看起来过分实用主义，不合你的口味，就把它放到花篮里，花篮的手柄还方便搬动花盆

上手套。手套在修剪中也很有用处，因为有些植物会释放出刺激皮肤的汁液。

大盆

如果你家放得下就可以有一个，大盆方便给植物换盆，不会把盆土弄得满地都是（你也可以在地板上摊几张报纸）。如果想在盆土中添加其他成分，也可以在大盆里混合。

剪刀

给植物做造型和日常修枝需要一把好的花剪或叶剪，剪枝就一定要用到园艺剪。修剪前后这些工具都要清洗消毒（酒精是一种既有效又廉价的消毒剂），避免害虫或疾病在植物间传播。

喷壶

一个窄壶嘴的喷壶会让浇水更精准。有些植物（比如非洲紫罗兰）不喜欢叶子上有水，而对有些植物来说，如果经常

一些园艺手套（如图所示）的加固部分可以保护手指免受尖锐树枝的伤害。这些加固的地方还能让手套磨损最大的指尖部分变得更耐用

把水浇到中心，它们就会腐烂。可拆卸的洒水喷头可以用来冲洗不太敏感的植物的叶子。

聊聊毒性

许多室内植物，

如果人或宠物吃到肚子里会导致中毒。

园艺作家托娃·马丁（Tovah Martin）说得极好：

"室内植物可不能进到人或宠物的肚子里。"

训练宠物远离植物，

同时把植物放在小孩子够不到的地方。

如果你特别担心毒性的问题，

那就选择《寻找你的专属室内植物》一节中列出的

宠物友好型植物。

本书的资源库提供了数据库的链接，

可以检索每种植物的信息，

也能帮你找到有毒植物和无毒植物的列表。

嗨，美人儿

怎样让你的植物更有型

植物和人一样，要定期打理才能看起来有型，有时还要"理发"和"做 spa（水疗）"。

都到浴缸里去！

室内植物的叶片上容易积灰，这样会堵塞叶片上的气孔，影响光合作用的效率。放置在室外的植物就没有这个问题，和自然生长的植物一样，雨水能为它们洗去灰尘。一旦我家的植物变得灰头土脸，我会给它们洗个澡，这样不仅能清洁叶片，还能让它们喝饱水，同时排出肥料中多余的盐分。小的植物，可以放到厨房水槽里冲洗。水槽的水龙头有喷洒功能的话，再好不过了，如果没有，带喷嘴的水壶也可以代劳。大点的植物可以搬到浴室淋浴。只能用温水，太热或太冷的水都不行。等到花盆的水排得差不多了，排水口不再有水流出，就把它们放回原来的位置。不好移动的植物，用湿的软布擦去叶片上的灰尘（千万不要用市面上那种让叶片变光亮的产品，会堵住叶片气孔）。

对于叶子不宜沾水的植物，可以用小刷子清洁，用镊子或刷子就能去掉卡在仙人掌上的异物。

你家植物的叶片上积灰了吗？快把它们放到浴缸里冲个澡吧！

要理发咯！

想让植物更饱满对称，可以给它们掐尖——去掉一部分新长出的枝叶，用手或剪刀都行。你肯定不愿意这么做，毕竟那也是植物生命

剪掉图中那条过长的枝条，就能让这盆洋常春藤长得更茂密

的一部分，感觉掐尖是在伤害它们。实际上，这样反而会刺激植物生长，促进枝叶伸展。

掐尖对藤蔓植物来说尤为重要，因为它们动不动就长得过长或是乱七八糟。对于较大的植物，用修枝剪可以达到同样效果，在节（即植物茎上长叶的位置）上方剪就行。给植物"理发"需要练习，但是一段时间后就能得心应手。

死掉的植物别留着！

想要你的植物健康有型，就要去掉枯萎和发黄的叶子，枯焦的叶尖也可以剪掉。开花植物一旦过了花期，就要把凋谢的花朵剪掉，这个动作我们称之为：摘掉残花。一旦发现害虫，要及时处理（《出什么事了？常见植物问题解答》这一节有详细论述）。病入膏肓的植物，尤其是便宜的那些，就让它们安静地去吧，不要再挣扎了。

搬家啦

给植物换盆

　　植物生长到某一阶段时，你会想要或者需要把它移到另一个花盆里。换盆是将植物移到同样大小的花盆中，升盆是将植物放到更大的花盆里（在其他说英语的地方，升盆也被称为续盆）。

　　下面是选择给植物换盆或升盆的关键因素：

　　｜ 你新买了一株植物，想把它移到一个更漂亮的花盆里。

　　｜ 植物快和盆长到一起了，这意味着植物的根部占据了花
　　　盆的大部分空间，无法继续生长。

　　｜ 随着盆土中有机元素的分解，土壤变得越来越紧实，以
　　　至于植物的根无法有效吸收水分。水可能会流得很快，
　　　却根本没被土壤吸收。

　　换盆或升盆最好在春夏两季进行。首先检查你的植物是否需要升

盆，把它们从花盆中拿出来查看根部。根部如果和花盆长在一起，会把土壤包在里面，有时甚至会从排水孔中钻出来。

花盆的尺寸很重要。升盆的通常做法是选择直径比现有花盆大5厘米左右的容器。不管多好看，都不要把植物放在一个大得多的花盆里，这样盆土会太湿，植物会有患上根腐病的危险。

换盆和升盆的过程非常简单。把植物从花盆里拔出来，用手松动和花盆纠缠在一起的根部，这样有助于在新的花盆中舒展；适当剪掉死去或软掉的根部。往新花盆中倒入些许盆土，把植物插进去，位置不要太低。最后要确保土壤顶部和花盆边缘之间有约2.5厘米的

移植之前，检查植物根部是否有损伤或患病的迹象

距离，方便浇水。大花盆可以留出更多土壤顶部空间，小花盆少留一点。如果位置需要调整，就先把植物拿出来，往盆底添加更多盆土；接着轻轻地沿着盆边均匀添加，保持植物在花盆正中；最后在花盆的顶部再加点土，轻轻按压，给植物浇透水，就完成啦！

　　如果植物太重或太大，无法换盆怎么办呢？可以去掉顶部2.5~5厘米的盆土，然后添加新盆土。

出什么事了？
常见植物问题解答

你的室内植物早晚会出问题。事实上，如果养的时间足够长，我打赌你会遇到各种植物问题，如果不是全部问题，也得是大部分。试着把问题当作学习的机会，借此掌握更多植物养护知识，你会因此成为更好的园丁。即使是园艺专家，也会遇到我们普通人面临的问题。这里不可能详细论述所有植物问题，我们先从最常见的开始。

比起在家里喷洒有毒的药剂，我更喜欢天然有机的办法，比如使用园艺杀虫油和杀虫肥皂这两种非化工产品。杀虫油可以从石油或植物中提炼出来，原理是让害虫窒息，因此需要直接喷向给植物找麻烦的家伙。杀虫肥皂也需要与害虫直接接触。它的确是一种肥皂，通过分解或者破坏细胞膜杀死害虫。涂抹酒精、肥皂水（要用不含抗菌剂的温和洗碗皂）或是一般的水通常也能杀虫。

早发现，早处理，更容易解决问题。如果情况很棘手，患病的植物又很便宜，那就直接扔掉吧。别把这当成世界末日，经历了一场严重的虫害之后，植物基本上已经没有存活的希望了。

害虫

健康的植物不容易被害虫侵袭，所以好好照顾植物是对抗害虫最重要的武器。这些害虫也会通过新植物潜入你家，所以，带一个"新朋友"回家之前要检查它是否有感染的迹象。可以把新植物单独隔离，直到确定没有害虫，才让它加入你的植物"帮派"。

许多害虫，除了会尽情享用你的植物，还会释放一种甜甜的物质，这种晶莹黏稠的颗粒被人们亲切地称为"蜜露"。蜜露会引发第二个问题——烟煤病（见第45页），不仅让叶片变黑，还会招来蚂蚁。

蚜虫

植物长出新叶或新芽会让你感到兴奋，不幸的是，蚜虫也有同感！这些小小的害虫有各种颜色，红色、粉色和绿色，它们径直奔向植物的新叶，导

致叶子向下卷曲。

> 急救措施：用水或肥皂水清洗叶子可以除去蚜虫。你也可以用园
> 艺杀虫油让蚜虫窒息，或者用杀虫肥皂。蕨类等娇嫩的植物尽量
> 避免使用园艺杀虫油，除非使用标签写明这么做是安全的。如果
> 植物的某些叶片受到严重感染，就移除感染的叶片。

粉蚧

粉蚧这种害虫很常见，但很难消灭。身上覆盖的白色绒毛，是它们最明显的特征。这些害虫藏在叶片背面和茎干上，吸食植物汁液，慢慢地杀死它们。有一种粉蚧会聚集在

植物根部，除非把植物从花盆里拿出来，否则很难发现这些害虫。根部的粉蚧看起来像米粒，会导致植物枯萎（不要把它们和珍珠岩搞混，珍珠岩是帮助提升盆土排水性的）。

> 急救措施：用棉签涂抹酒精擦拭可以去除叶片上的粉蚧，也可
> 以按照说明使用园艺杀虫油或杀虫肥皂。蕨类等娇嫩的植物
> 尽量避免使用园艺杀虫油，除非使用标签写明这么做是安全
> 的。根部的粉蚧就很让人头疼了。你必须把盆土全部丢掉，
> 洗掉植物根部残留的土壤，然后把它放到新的花盆中，填入

新的盆土。有时直接扔掉这株感染的植物更好。你还要检查其他植物，确保它们没有被感染。最后要给感染的花盆消毒，防止害虫扩散。

介壳虫

棕色椭圆形的介壳虫附着在植物的叶子和茎上。这些坚硬的小突起不会移动，所以你可能没有意识到它们正在悄悄夺去植物的生命。和其他害虫一样，介壳虫会分泌蜜露，引发烟煤病。严

重的时候，蜜露甚至覆盖整株植物，你也可以把清理任务当成一乐。

急救措施：介壳虫可以用手指或纸巾直接擦掉。不过，我更喜欢用湿纸巾或蘸了医用酒精的棉签擦掉。你也可以涂园艺油。蕨类等娇嫩的植物尽量避免使用园艺油，除非使用标签写明这么做是安全的。每周查看你的植物，看是不是所有的介壳虫都已被消灭。经常会有一些漏网之虫，所以要进行第二次或第三次除虫。

叶螨

叶螨会在干燥的环境中攻击植物。这些小家伙很小，一开始根

本看不见，但是随着感染的加重，它们会在植物的叶和茎上结网。螨虫吸食植物汁液导致叶子变黄，有时叶片会脱落或者变成棕色。总的来说，生叶螨的植物看起来

非常糟糕。有结网就能确定植物感染了叶螨，另一种确诊方法是在叶子下面放一张纸，然后摇动叶片，任何落在纸上的移动的斑点都有可能是叶螨。按压斑点，叶螨被压扁时会在纸上留下绿色的一条痕迹。

急救措施：预防叶螨，要关注植物的水分和湿度要求，尤其在干燥环境中。水槽喷头喷出的细流可以去除一些叶螨，园艺油会让叶螨窒息，杀虫肥皂也能杀死它们。

粉虱

啊，粉虱。每次我在阳台上种下番茄，方圆二十几千米的粉虱都会得到消息纷纷赶来。想搜寻粉虱，就检查叶片背面，你会看到一群小小的白色昆虫。轻推植物或者让手指

在叶片间穿过，这群小捣蛋鬼会开始四处乱飞，那就是粉虱没错了。像介壳虫一样，它们也分泌蜜露，引发烟煤病。

急救措施：粉虱很麻烦，因为它们在叶片上停留的时间不足以让你把它们擦掉。如果只有几只，就迅速行动，尽快根除。从冲洗叶片开始，尤其是背面。我有时会用一点肥皂水和纸巾擦掉漏网之虫。你可以用昆虫粘板去除粉虱，也可以尝试园艺油或杀虫肥皂。不过，一旦发生重大虫害，你只能挥白旗投降。

植物疾病

和预防害虫一样，好好照顾植物是关键。同样，还要检查新买的植物是否有生病的迹象。

灰霉病

灰霉病是非洲紫罗兰和秋海棠的常见疾病。如果植物茎叶拥挤或施肥过多，又或者非洲紫罗兰的叶子和花朵上有水聚集，就会引发真菌感染，患上灰霉病。灰霉会在叶子和茎上形成浅棕色或灰色斑点，并导致腐烂。

急救措施：完全去除植物感染的部分，并改善可能导致灰霉病的条件。

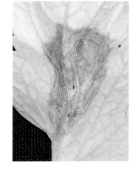

例如，降低浇水的频率，避免打湿叶片（尝试底部浇水），给植物更多的空间或及时通风，必要的时候停止施肥。严重感染的植物只能丢弃，因为灰霉病会迅速蔓延。

根腐病

根腐病有时被叫作冠腐病，是一种植物常见病。浇水太多、排水不充分或植物生长的花盆太大，都有可能导致根腐病。引发腐烂的不是过度浇水本身，而是土壤中过多的水分让真菌有机会侵入根部。严重的时候，整株植物都会腐烂。

急救措施： 对根腐病来说，预防是最好的治疗。一旦发病，就只能对植物开始令人毛骨悚然的治疗，而且不保证有效。你要把植株从盆中取出，抖落根上的盆土，切掉所有变成棕色、黑色或软烂的根。给花盆和用过的所有工具消毒，阻止真菌传播。加入排水良好的新盆土，最后只能双手合十祈祷。如果你已经开始绝望，那就扔掉这盆植物，没有人会指责你不能与之共患难。

白粉病

嗯，白粉病像是粉末覆盖了植物，会阻碍植物的生长。虽然可以移除植物感染的枝叶，但是白粉病很难根治。非洲紫罗兰、翡翠木、洋常春藤、伽蓝菜和秋海棠等植物很容易患上白粉病。

急救措施：去掉植物感染的枝叶，改善植物周围的通风状况。如果整株感染，那就只能跟它说再见了。

烟煤病

顾名思义，这种真菌看起来像植物叶子上的烟灰。它长在害虫分泌的蜜露上，阻挡光线到达叶片。如果在植物上发现烟煤状霉菌，你实际上有两个问题要处理：霉菌本身，以及某种未发现的虫害。

急救措施：用水或湿布洗掉叶片上的煤灰。参考前文列出的害虫各类，确定并处理潜在的虫害。

环境问题

让植物出问题的环境因素很难确定，因为不同条件可能导致相似的症状，关键是评估生长环境和植物的需求。

浇水过多

浇水过多或不足，都会导致植物下垂，所以要把手指伸进土里确定问题的根源。过度浇水会让植物的叶子变成黄色或浅绿色。

急救措施：放下喷壶！按照每株植物的水分需求浇水，让土壤变干。

缺水

缺水的植物会下垂，叶片枯萎，或者变干、变成褐色并脱落。缺水的植物，其盆土会在侧面与花盆分离，浇水的时候水会从侧面快速流出而不被盆土吸收。

急救措施：查看盆土是不是真的很干。如果盆土不再吸水，将整盆植物浸泡 20~30 分钟，给盆土补充水分。如果不起作用，就换成新的盆土。之后，更规律地为你的植物浇水。

晒伤

和你一样，你的植物朋友也会晒伤！晒伤的叶片颜色会变浅，出现棕色或黑色斑点。接受太多光线的多肉植物的叶片可能变成橙色或红色。

急救措施：将植物移到光照没那么强的地方。如果是能够忍受强光和全日照的植物，它会在几周内逐渐适应新的环境。

光照不足

光照不足的植物会徒长（枝叶又细又长）、掉叶子，或者向有光的方向倾斜。

急救措施：将植物移到阳光更好的地方，但要慢慢来。你也可以在每次浇水时将植物旋转 90 度，促进植物均匀生长。

湿度不足

叶尖变棕，叶片卷曲、焦脆甚至脱落，生叶螨，这些都说明你的植物在环境中没有获得足够的湿气。

急救措施：确保你的植物获得充足的水分。如果可以的话，把它移到更潮湿的地方。你还可以给植物加一个卵石水盘，或打开加湿器，或与其他植物组合。

不开花

植物不开花的原因有很多，但通常是光线不足。不过，蟹爪兰和石蒜科植物需要经过一段低温期才能开花。

急救措施：把植物移到光线更强的地方。查看植物的生长需求，看看其是否需要低温期才能开花。

繁殖
如何拥有更多植物朋友

作为园艺新手，你可能想知道到底是什么原因让你想要繁殖家里的植物。这难道不是园艺专家该做的事情吗？实际上，很多植物的繁殖比你想象中简单有用，而且有些植物自己就能繁殖。

那么，为什么需要更多的植物呢？首先，有些植物只能存活一段时间。一旦它们走向衰老，你可以通过繁殖让它们重生。其次，如果你有一株非常喜欢的植物，你可以通过繁殖来"备份"，以防母体发生不测。还有，如果一株植物因主人疏于照顾或受到其他伤害奄奄一息，就从它还健康的部分上切下一段，使用相应的方法繁殖，母体就可以安息了。再次，繁殖花费不高，却能扩充你的植物收藏，你还可以和喜欢植物的朋友交换植物宝宝。最后，可能只是为了植物繁殖带来的兴奋感。我为本书选了三种相对简单的繁殖技术，第一种甚至不用你做任何事，等着就行。

植物宝宝

许多植物，尤其是多肉植物，会长出侧枝或幼苗。这些植物宝宝和母体植物在同一个花盆里生长。一旦它们长到母体的1/3大小，就可以用清洁过的锋利小刀切断母子之间的联系，然后把植物宝宝移植

把母株上的小家伙放到小花盆里，可以培育出一大批吊兰，这些小家伙也被称为子株

到另一个花盆里。有些植物（如空气凤梨和凤梨科其他种类）开花后会长出侧枝，而母体随后就死了。

吊兰纤长的茎上会长出小植株。趁小家伙们还长在大植株上的时候，把它们插进小花盆的盆土中。随着时间的推移，小吊兰会生根，然后就可以切断它们和母体之间的"绳索"啦。

叶插

多肉植物可能是最容易繁殖的植物之一。取下多肉的一片叶子就能繁殖，这个过程被称为叶插。把这片叶子晾晒几天，其间叶子之前与植

物连接的部分会形成愈伤组织。一旦叶片开始愈合，你就可以把愈合的一端放在水中，或者把叶片放在潮湿的盆土上，等待生根。土壤略微潮湿即可，以免叶子腐烂。一段时间之后，叶子会长出根来，并在此基础上长出一棵全新的幼苗。对于其他植物，比如非洲紫罗兰，可以把叶子放在花盆中促其生根，然后在叶子上套一个塑料袋或是用玻璃罩遮盖。

茎尖扦插

绿萝和镜面草等植物可以用这种方法繁殖。从植物上剪下一段枝叶，放入水中，枝叶最终会在水中长出根来。插条本身就很好看，可以用作装饰（插在花瓶、不用的饮料瓶，甚至试管里）。在植物节的正下方切一段至少12.5厘米长的枝叶，除去顶端的几片叶子和所有花朵。叶片不能入水，否则会腐烂。将插条放入水中，让它接受明亮的间接光照。几周甚至更长时间后，新的根会冒出来。一旦根长到几英寸[1]，你就可以把新植株移到花盆里了。

插条放入水中，会生出根来，长成一株新的植物

---

[1] 一英寸 ≈ 2.5 厘米。——编者注

种植前的几点建议和提醒

1. 一开始不要买太多。仔细挑选植物，了解它们。不要禁不住诱惑买很多植物回家。一旦过了最初的新鲜劲儿，照顾植物的压力扑面而来，想成功就没那么容易了。

2. 评估你家的空间。根据家里的环境选择植物，不要冲动。假如冲动之下买的植物最终没养活，那就让自己冷静一下。

3. 始终如一。经常关心你的植物，它们也会回报你的。

4. 短时间内没有成功，也不要灰心。园艺需要积累经验，学习、观察，然后形成能力。养这株植物失败了（不是假设），从中吸取教训，然后放手，不要回头。

5. 了解你的植物的名称。这听起来有些多余，但是花点时间了解你买的植物的名字，就可以深入研究如何给它们最好的照顾。

6. 你也可以读这本书……花些时间学习基础知识，你已经比以前的自己有进步了。

7. 但是不要止步于此！阅读其他书籍来增加你的植物知识。在家附近寻找可用的资源，例如某种植物（比如兰花和非洲紫罗兰）的协会，向你那儿的分会寻求帮助，或找到值得信赖的花市或苗圃。你也可以在线上或线下与其他植物爱好者交流，他们愿意分享自己的专业知识和植物图片。不仅如此，你还能获得灵感，学会如何摆放植物，了解许多之前没机会接触的品种。你甚至能找到一群愿意和你交换植物并分享插条的朋友。最主要的是，享受并传播你对植物的爱！

寻找你的专属室内植物

不知道从哪儿入手？那下面的列表可以帮你快速找到适合自己的植物。当然，这些列表不能涵盖所有植物，先领你入门，后面的植物档案会给你更多选择！

展示个性的植物

这些落地植物能给你的房间定下基调。

1. 春羽（见第 155 页）

2. 龟背竹（见第 117 页）

3. 袖珍椰子（见第 131 页）

4. 发财树（见第 76 页）

5. 琴叶榕（见第 97 页）

悬垂植物

悬垂植物能平衡你的植物收藏，在小空间里实现最大的装饰效果。你可以用牢固的挂钩把它们挂在天花板上，也可以固定在墙上，或者把蔓生植物放在架子上。

1. 波士顿蕨（见第 74 页）

2. 绿萝（见第 139 页）

3. 二歧鹿角蕨（见第 152 页）

4. 吊竹梅（见第 105 页）

5. 心叶蔓绿绒（见第 103 页）

冬季盛放

想给冬天增添色彩吗？选这些植物吧。

1. 长寿花（见第 99 页）

2. 蝴蝶兰（见第 120 页）

3. 朱顶红（见第 66 页）

4. 非洲紫罗兰（见第 60 页）

5. 蟹爪兰（见第 84 页）

适合小空间

谁说一定要空间大才能养植物？有些植物虽然小，但装饰效果毫不逊色。

1. 非洲紫罗兰（见第 60 页）

2. 拟石莲花（见第 92 页）

3. 条纹十二卷（见第 163 页）

4. 空气凤梨（见第 62 页）

5. 镜面草（见第 82 页）

宠物友好型

ASPCA（美国防止虐待动物协会）认为下面这些植物对宠物无害。ASPCA还注意到，有一些植物如果被宠物误食，会导致肠胃问题，所以最好训练你的宠物不要随便碰植物。

– 猫 –

1. 非洲紫罗兰（见第 60 页）

2. 帝王秋海棠（见第 144 页）

3. 波士顿蕨（见第 74 页）

4. 玉珠帘（见第 88 页）

5. 袖珍椰子（见第 131 页）

– 狗 –

1. 蟹爪兰（见第 84 页）

2. 条纹十二卷（见第 163 页）

3. 西瓜皮椒草（见第 159 页）

4. 酒瓶兰（见第 137 页）

5. 网纹草（见第 123 页）

净化空气

想净化空气吗？选它们准没错。

1. 白鹤芋（见第 133 页）

2. 绿萝（见第 139 页）

3. 橡皮树（见第 146 页）

4. 吊兰（见第 150 页）

5. 虎尾兰（见第 148 页）

新手友好型

这本书里的大部分植物都很好养，如果想给最好养的植物颁奖，下面是一些符合条件的入围者。

1. 芦荟（见第 64 页）

2. 心叶蔓绿绒（见第 103 页）

3. 绿萝（见第 139 页）

4. 虎尾兰（见第 148 页）

5. 广东万年青（见第 80 页）

耐阴型

如果你家光线不足，不要烦恼。擦亮眼睛仔细寻找，你会发现很多植物都能忍受不理想的光照条件。

1. 蜘蛛抱蛋（见第 78 页）

2. 心叶蔓绿绒（见第 103 页）

3. 袖珍椰子（见第 131 页）

4. 绿萝（第见第 139 页）

5. 金钱树（见第 165 页）

耐旱型

有了这些植物，谁还需要卵石水盘和加湿器？如果你不想操心波士顿蕨的叶子变黄、变焦，就选择这些不需要潮湿环境的植物吧（注意：如果你家环境很干燥，选多肉植物或沙漠仙人掌准没错）。

1. 蜘蛛抱蛋（见第 78 页）

2. 广东万年青（见第 80 页）

3. 酒瓶兰（见第 137 页）

4. 玉珠帘（见第 88 页）

5. 翡翠木（见第 107 页）

适合养育者

你对植物的任何照顾，无论是修剪造型、提升湿度还是精心灌溉，都会得到回报。

1. 非洲紫罗兰（见第 60 页）

2. 波士顿蕨（见第 74 页）

3. 网纹草（见第 123 页）

4. 嫣红蔓（见第 135 页）

5. 帝王秋海棠（见第 144 页）

适合频繁外出者

不是所有喜欢旅行的人都没法养室内植物。许多植物不介意你忘记浇水，在不被照料的情况下也可以活一两周。给它们好好浇次水，仔细修剪枝叶，然后再动身离开。

1. 条纹十二卷（见第 163 页）

2. 金钱树（见第 165 页）

3. 蝴蝶兰（见第 120 页）

4. 虎尾兰（见第 148 页）

5. 金琥（见第 101 页）

Part 2

第二部分
植物档案

非洲紫罗兰

Saintpaulia

非洲紫罗兰可以说是最受欢迎的室内植物，毛茸茸的叶片和活泼的花朵特别招人喜欢。你可能有运气与非洲紫罗兰成为朋友，也可能在它们那儿碰壁——它们不喜欢寒冷，也不喜欢叶片和花瓣上有积水。不可否认的是，很多人觉得它们土气。但是假如你想要一盆一直开花的植物，就可以考虑非洲紫罗兰。这么多美丽的品种，你肯定能找到自己喜欢的。而且深入了解之后，你会发现照顾它们也很容易。这时，非洲紫罗兰在你心中就不再是土气的代表了。

如何养护非洲紫罗兰

| 土壤

使用非洲紫罗兰专用盆土，轻质多孔，而且排水良好。

光照

非洲紫罗兰喜欢明亮的间接光，比如从东向或西向窗户照进来的光线，避免阳光直射。定期将植物旋转90度，使其均匀生长。

水分和湿度

建议从底部给非洲紫罗兰浇水，避免溅到它们娇嫩的叶子上。不过，如果你有细嘴的喷壶，也可以从顶部浇水，小心避开叶子就行。不要让植物完全干枯，在干燥的室内，用卵石水盘增加湿度。

温度

16~30摄氏度的室温适合非洲紫罗兰，寒冷的气候会阻碍它们生长。

大小

非洲紫罗兰有大有小，小到像玩具屋里的微缩景观（直径约2.5厘米），大到直径约40厘米的大家伙。它们中的多数都适合放在窗台、架子或桌子上。

病虫害

当心粉蚧和灰霉病。

其他

非洲紫罗兰根系浅，所以更喜欢小花盆。这种植物用叶片就能繁殖。摘掉枯花，不仅能让它们更健康美观，还能让花开得更多。

空气凤梨

Tillandsia

你或许见过这种令人着迷的植物。它们多半待在玻璃罩里，挂在几何黄铜架上，趴在书架上，或是缩在玻璃花园里。有时它们看起来像有生命的抽象艺术品，有时又像来自外星的生物。作为凤梨科的一员，空气凤梨一般不长在土里——不过有少数例外，这也是名字中"空气"一词的由来。小精灵（T. ionantha）、霸王凤梨（T. xerographica）和有几分美杜莎神韵的女王头（T. caput-medusea）是常见的室内品种。

空气凤梨易于养护。它们喜欢明亮的光线，晒太阳的时间越长，需要的水分越多。如果它们的叶片比平时更卷，叶尖略微发干，那就是在向你讨水喝了。按照下面独特的方法来浇水，就能让你的空气凤梨健康快乐地成长。

如何养护空气凤梨

|土壤

根本用不着！所以空气凤梨特别适合那些不想弄脏手的人。

|光线

它们喜欢明亮的光线，比如东西朝向窗台的直射光。一些栽培变种（如霸王凤梨）甚至能够承受更长时间的光照。

|水分和湿度

在过滤水里浸泡 30 分钟，每周一次。接着倒过来，让植株完全干燥，才能放回原来的位置。不然，叶片可能腐烂。也可以每天喷雾，或者定期将喷雾和浸泡相结合。

|温度

适合空气凤梨生长的室温为 10~32 摄氏度。

|尺寸

空气凤梨通常小到可以放在手里，也有直径几英尺①的品种。

|病虫害

它们不常生病，不过要留心浇太多水或浇水不够的迹象。

|其他提示

空气凤梨需要通风。如果家里空气流通不好，可以在附近放一个小风扇。

空气凤梨一旦种下，会长出一些幼苗或侧枝。一旦这些小家伙长到母株的 1/3 大小，就可以把它们移植到别处，让其独立生长。

---

① 一英尺 ≈ 30 厘米。——编者注

芦荟

Aloe vera

　　每个室内植物爱好者都应该养一盆芦荟。芦荟的叶子又大又饱满，让人心生喜悦。它又特别好养，可以说是最适合新手的室内植物之一。不仅如此，芦荟几乎可以和各种材质的花盆搭配，不管是朴素的陶土，还是更绚丽光滑的材料，看起来都很棒。

　　除了陪在你身边，芦荟在生活中还有别的用途。因为能够治疗轻微的皮肤烧伤和刺激，它常被叫作烧伤植物或急救植物。药店不是有人工着色的绿色防晒啫喱吗？其中就含有芦荟。不如在家里养一盆，省钱又方便。

　　如果还没有动心，我就再告诉你一个养芦荟的好处：它能长出小芦荟。被称为子株的小芦荟长到差不多大的时候，就可以放进可爱的花盆里，拿去送给你的朋友。

如何养护芦荟

| 土壤

用仙人掌和多肉植物专用盆土。

| 光照

芦荟这种植物喜欢阳光，可以的话，放在朝南或朝西的窗台上。

| 水和湿度

芦荟最怕浇太多水。最好等到土壤表层约 2.5 厘米变干再浇水，不然就会害死你的芦荟。冬季减少浇水次数。另外，芦荟对湿度没有特别要求。

| 温度

芦荟能适应 10 摄氏度以上的室温。

| 尺寸

大多数芦荟能长到 30~60 厘米高。

| 病虫害

芦荟不容易生病，但是要小心粉蚧和介壳虫。

| 其他提示

小芦荟会从底部冒出来。用干净锋利的刀把小芦荟切下来，这看起来有点残忍，但"伤口"会自己愈合。小芦荟放置几天，待切口愈合后，插入装有仙人掌和多肉植物专用盆土的小花盆里。生根之前（轻轻拉动小芦荟，查看生根情况）不要浇水。

朱顶红

Hippeastrum

盛开的朱顶红，有绿带一样的叶片和各色艳丽的大花，像是从天而降的仙女，照亮晦暗的冬日。朱顶红在节日期间特别受欢迎，这时候带一组朱顶红套装回家再合适不过啦。这个套装包含种植朱顶红的所有工具——一个种球、盆土和花盆，你可以轻松地培养与朱顶红的友谊。栽种 5~8 周后，你就能沉浸在朱顶红的光芒中。花有粉、白、红和橘等各种颜色，还有许多混色品种。因为是种球繁殖，所以休眠后第二年它还可以开花，按照第 68 页的步骤来做就能让你的朱顶红再次盛开。当然，如果想要家里鲜花不断，那就再买一盆回来。

如何养护朱顶红

| 土壤

通用盆土即可。

| 光照

朱顶红喜欢明亮的光线，比如东向窗台上可接收的日照。

| 水分和湿度

让土壤保持湿润，但是不要积水。临近朱顶红休眠期的时候，减少浇水次数。休眠期一般不用浇水，可以偶尔给土壤喷点水。一般的室内湿度都适合朱顶红生存，如果是在特别干燥的房间里，可以把它摆在卵石水盘上。

| 温度

16~27 摄氏度的室温适合朱顶红生长。

| 尺寸

朱顶红大小适中，可以放在桌面上、花架上，甚至是宽度适合的窗台上。花梗高度可达约 60 厘米。

| 病虫害

小心粉蚧哦。

这里分享一个栽种朱顶红种球的小技巧：把种球放在一个稍大一点的小花盆里，土壤没过种球的 1/2~2/3。

想让朱顶红第二年再开花，那花朵一旦凋谢就要剪掉花梗；继续照顾它，让它多晒太阳（甚至可以放在室外）。秋天到了，逐渐降低浇水频率，直至可以完全不浇水，这能促进它进入休眠状态。除去已经枯萎的叶片，把花盆转移到阴凉的暗处（温度保持在 10 摄氏度左右），放几个月。选定花期的前 6 周，把它搬出来，给予其充足的光照和水分。待抽出花穗之后，定期旋转让它均衡生长，必要时可以竖一根竹竿作为支撑。下一步就准备迎接朱顶红的盛放吧！

合果芋

Syngonium podophyllum

合果芋完全有资格当选经典室内植物：它有美丽的箭形叶片，叶片上还有花纹；只要房间内不是特别干燥，它都能生长。想要一种不需要大量光照的植物，选它准没错。北向的窗户合果芋也能接受，当然它更乐于待在更明亮的房间里，沐浴过滤后的间接光线。一开始它的枝叶挤成一丛，一段时间之后，就会变成一株爬藤。放在高高的花盆里，挂在吊篮上或者让它爬上一根杆子，都很好看。若喜欢丛生的合果芋，就要经常给它剪枝，维持茂盛的样子。

如何养护合果芋

| 土壤

通用盆土即可。

光照

合果芋喜欢从东向窗户照进来的明亮的间接光，明亮的北向窗台也可以。阳光直射对它来说太过强烈，会让叶色变浅，所以一定要避免。

水和湿度

保证盆土一直湿润，土壤表层约 1 厘米的土变干就给它浇水；冬天减少浇水次数。在干燥的房间里，将合果芋放在卵石水盘上增加湿度。每次浇水时，把它转动 90 度以保证其均匀生长。

温度

16~27 摄氏度的室温为宜，温度再高一点的话它也能忍受。

尺寸

长成藤蔓之前，合果芋有 30.5~38 厘米高，长成藤蔓后会长到几英尺。

病虫害

当心根腐病、介壳虫和粉蚧。

鸟巢蕨

Asplenium nidus

想要与众不同的室内植物，就选鸟巢蕨。我第一次看到鸟巢蕨时，就被它波浪般扭曲的光滑叶片吸引。不同于其他蕨类，鸟巢蕨的叶子不像蕾丝一样柔软，而是像结实的绸带。新叶的形状像小小的鸡蛋，从巢的中心向四周伸展。除了动人的外表，鸟巢蕨最好的一点是易于照料，并且欣然接受较弱的光线。唯一要注意的是浇水方式，不能把水倒进"鸟巢"的中心，要沿着四周慢慢浇水。"鸟巢"中心如果有积水，会导致植株腐烂。

如何养护鸟巢蕨

土壤

使用排水性良好的通用盆土。

光照

鸟巢蕨喜欢温和的光线，比如通过北向或东向窗户照进来的阳光；避免阳光直射。

水和湿度

让土壤保持湿润，但是不要积水。当土壤表层 1 厘米的土变干时就给它浇水，不能等到盆土干透了再浇水。不过，你偶尔疏忽了它也能忍，尤其是在气候湿润的地方。冬季适当减少浇水的次数。鸟巢蕨喜欢潮湿的环境，所以干燥环境中可以加一个卵石水盘，或者让它待在浴室里。

温度

13~27 摄氏度的室温适合鸟巢蕨生长。

尺寸

幼年鸟巢蕨有 15~20 厘米高。随着时间流逝，幸运的话鸟巢蕨能长到 46~60 厘米，甚至更高。

病虫害

小心介壳虫。如果发现害虫，用手或湿纸巾擦去。如果用杀虫肥皂或园艺油，要查看标签说明，确认用在蕨类植物上是否安全，因为它们的叶子很敏感。

不用担心外缘老的叶子变成棕色，这很正常！日常修剪的时候摘掉就行。轻拉叶子拉不掉的话，就用剪刀剪。不过鸟巢蕨其他部分的叶子若变成棕色，可能是因为没有获得足够的水分或湿度不够，或者是它不喜欢你用的化学药剂。

波士顿蕨

Nephrolepis exaltata 'Bostoniensis'

听到"蕨类"这个词时，你会想到什么？多半是枝叶浓密的一丛植物，好像一头绿狮子的鬃毛。这不就是波士顿蕨吗？这种蕨类可以让任何一个房间变得郁郁葱葱，挂在篮子里或者放在花架上效果更好，这样它就能垂下纤长的枝叶。谁都知道蕨类植物不好伺候（说的就是你，铁线蕨），但是只要有足够的湿度和水分，波士顿蕨就能健康成长。事实上，它特别适合那些对植物关怀备至的人。不想费心照顾植物，就选鸟巢蕨。

如何养护波士顿蕨

土壤

使用通用盆土。

光照

最好提供温和的间接光线，比如从东向窗户照进来的阳光。如果有透光窗帘过滤光线，也可以将植物放在南向或西向的窗户附近。

水和湿度

让土壤保持湿润，但是不要积水，感觉土壤表层干燥时浇水。不要等盆土干透，否则叶子会掉。定期喷雾或使用卵石水盘以满足波士顿蕨对湿度的爱。光线好的浴室特别适合它。

温度

13~27 摄氏度的室温即可。

尺寸

长势良好的波士顿蕨是大个子，高度和宽度可以达到 60~90 厘米。

病虫害

当心介壳虫、叶螨和粉蚧。如果使用杀虫肥皂或园艺油，查看标签说明，确认用在蕨类植物上是否安全。

其他提示

如果底层的叶子褪色或变成棕色，就给它理个发，剪掉变色的叶片。

发财树

Pachira aquatica

风水学认为，发财树能带来好运和财富。不管是不是为了发财，美丽时尚的发财树都值得你拥有。它易于照顾，树干通常被编成一条辫子，小叶以叶柄为中心组成掌状复叶，看起来像五指张开的手掌。

从它的植物学名称①就能看出，这种热带植物生长在潮湿的环境中，比如沼泽和河岸。但是千万不要猛浇水，保持盆土干湿适中。发财树在明亮的间接光下长得最好，所以你可以灵活选择摆放位置；对这种大个头的落地植物来说，这可是个加分项。有些地方叫它圭亚那（Guiana）或马拉巴栗（Malabar chestnut）。

---

① aquatica，意为"与水有关的"。——译者注

如何养护发财树

使用排水良好的通用盆土，也可以加入沙子改善排水情况。

| 光照

发财树喜欢来自东向或西向窗户的明亮间接光。若光照过多，叶子会变黄或脱落。

| 水和湿度

土壤表层 2.5~5 厘米变干就浇水。叶子掉落，可能是因为土壤太干。但是在给它浇水之前要检查一下，因为如果植物最近被移动过或者接受太多光照，也会掉叶子。

冬天少给发财树浇水。它喜欢适中的湿度，如果你家很干，可以把它放在卵石水盘上。

| 温度

16~27 摄氏度的室温适合发财树生长。

| 尺寸

这种落地植物在家里可以长到约 2.4 米高。

| 病虫害

小心介壳虫、叶螨和根腐病。

| 其他提示

这种植物对气流很敏感，所以让它远离暖气、空调风口和换气窗。

蜘蛛抱蛋

Aspidistra elatior

　　铸铁草这个别名证明了蜘蛛抱蛋的坚韧。这类植物的流行可以追溯到维多利亚时代，那时候蜘蛛抱蛋是客厅和酒吧的常驻嘉宾，因为它耐阴，可以忍受糟糕的空气、剧烈的温差，长时间被疏忽。乔治·奥威尔于1936年写了一部批判英国中产阶级的小说——*Keep the Aspidistra Flying*，蜘蛛抱蛋成了那个时代的一个象征。

　　如果你家只有间接光，那还等什么，快去附近的苗圃买一盆蜘蛛抱蛋吧。带状绿叶和优雅的长茎妙不可言，合适的花盆更能展现它简单别致的风韵。蜘蛛抱蛋长得很慢，所以不需要经常换盆。除了浇水太多和直射光，别的什么条件它都能忍受。如果看腻了绿色，现在也有许多有趣的栽培品种。

如何养护蜘蛛抱蛋

| 土壤

使用通用盆土即可。

| 光照

蜘蛛抱蛋喜欢昏暗的光线，特别适合只有北向窗户的人，尽量避免阳光直射。

| 水和湿度

土壤表层 4~5 厘米变干，就可以给蜘蛛抱蛋浇水。偶尔忘记浇水也没事，但它讨厌浇水太多。湿度不是问题，干燥的环境它也可以接受。

| 温度

蜘蛛抱蛋可以承受的室温范围很大——10~30 摄氏度，我想这一点你不会感到意外。

| 尺寸

蜘蛛抱蛋通常高约 60 厘米，适合放在花架上、桌子上，甚至是地板上。

| 病虫害

小心介壳虫和根腐病。

| 其他提示

用湿布定期清洁它长长的叶片，擦去灰尘。蜘蛛抱蛋的繁殖方法很简单：把植物分开，将分出的两株分别放入花盆即可。

广东万年青

Aglaonema

　　世上没有养不死的植物。但是，如果要找一种最经得起新手摧残的室内植物，那广东万年青一定入围。耐阴，不介意你忘记浇水，不容易受到病虫侵害，还能净化室内空气，它真是一举四得的好选择。"绿美人"（Emerald Beauty）和"银皇后"（Silver Queen）都是其中受欢迎的硬核品种，叶片上点缀着或绿色或白色的花纹，惹人喜爱。最新推出的品种有更鲜艳的红色和粉色彩叶，比传统品种需要更多光照。不管哪一种，都会成为你忠诚可靠的植物伙伴。大小适中，生长缓慢，静静地待在房间一角陪你，这不正是你要找的那盆植物吗？往角落的小桌上摆一盆，整个房间都亮了起来。

如何养护广东万年青

| 土壤

使用通用盆土即可。

| 光照

大多数广东万年青喜欢微弱光线，比如从北向窗户照进来的阳光。如果是颜色鲜艳的品种，把它放在更亮的地方，比如东向窗户。

| 水和湿度

只要土壤表层 2.5~5 厘米变干，就可以给你的广东万年青浇水了。偶尔少浇几次，它也能承受。湿度对这种植物来说并非特别的问题。

| 温度

16~27 摄氏度的室温适合它。

| 尺寸

广东万年青的大小因种类而异，多数高 30~60 厘米。

| 病虫害

小心介壳虫。

| 其他提示

叶片容易积灰，所以要定期用湿布擦拭。

镜面草

Pilea peperomioides

原产于中国云南的镜面草（又叫飞碟草、煎饼草），或许是因为难觅踪迹，近来成了室内园艺的宠儿。毫无疑问，它的魅力还来自可爱的外表：扁扁的叶子好像睡莲叶（当然也像铜钱），看起来像在茎上旋转跳跃。它好养又容易繁殖，小镜面草自己就会长出来，等着你送给好友。

记住，冷水花属是一个包含数百种类植物的属。所以在苗圃，一定要确定你要的是哪一种。

如何养护镜面草

土壤

使用排水良好的通用盆土，或者仙人掌和多肉植物专用盆土。

光照

镜面草喜欢温和的光线，比如从东向窗户照进来的阳光，远离直射光，以免晒伤。每周转动 90 度，使其生长均匀。

水和湿度

土壤表层 1~2.5 厘米变干即可浇水。它们喜欢潮湿，所以在干燥的条件下可以用卵石水盘。

温度

16~27 摄氏度的室温比较合适。

尺寸

镜面草是个小家伙，最高不过 30 厘米。养的时间长一些，照顾得好一些，镜面草会长得大些。一般来说，它非常适合放在窗台上或小空间里。

病虫害

当心白粉病或根腐病。

其他提示

扁平的叶面容易积灰，用湿布擦去即可。

茎的基部会长出小镜面草，用无菌的锋利小刀将小家伙切下来，然后插入小花盆，也可以茎插繁殖。

蟹爪兰

Schlumbergera buckleyi

　　灰色的冬日里，谁不需要几朵艳丽的花儿呢？虽然没法将开花的日期刚好定在 12 月 25 日，但是蟹爪兰一定会在冬天奉上明亮鲜艳的大花。而且它能活很长时间，比如我妈妈养的蟹爪兰，轻轻松松就活过 40 岁。长出花蕾之后，就不要移动它，否则花朵可能脱落。蟹爪兰是长在热带雨林的仙人掌，所以比一般的沙漠仙人掌需要更多水分和湿气。严格来说，它没有叶子，只有一节节边缘带刺的扁扁的茎。

如何养护蟹爪兰

土壤

　　把通用盆土和沙子混在一起。

光照

蟹爪兰最喜欢沐浴从东向或西向窗户照进来的明亮光线。如果没有遮挡物，南向窗户的光线对它们来说可能太强。

水和湿度

土壤表层 2.5~5 厘米变干时浇水，不要让土壤干透。不过，宁愿少浇水，也不能让你的蟹爪兰因为浇水太多患上根腐病。冬天更要减少浇水次数。它喜欢潮湿，如果你家比较干，用卵石水盘就可以解决问题。

温度

13~27 摄氏度的室温为宜。秋季和冬季时温度保持在十几摄氏度即可。

尺寸

大多数都不大，高度和宽度在 30 厘米左右。

病虫害

当心根腐病。

其他提示

想要蟹爪兰年年开花，就在秋天的时候把它放进凉爽的房间（室温低于 18 摄氏度），让它经历长时间的黑暗，最好连灯都别开。蟹爪兰很容易繁殖，切下一段三节的茎，放入花盆就行啦！

花叶万年青

Dieffenbachia seguine

很少有植物因为自身毒性而出名。但是花叶万年青不一样，英文名为 dumb canes，意为哑蔗。如果不小心吞下花叶万年青，人会变"哑"不能说话，因为其中的草酸钙结晶会灼伤口腔，导致声带发炎甚至麻痹。哎呀，好可怕！所以不用我说你也知道，让你的宠物离它远一点（这里要给大家提个醒，许多室内植物能让人和动物中毒。后面的资源库有更多相关信息。如果你怀疑人或宠物误食了室内植物，赶紧打电话联系医院、兽医或有毒物质控制中心）。抛开有毒这一点，花叶万年青其实是一种备受喜爱、平易近人的室内植物，大小适中，长长的叶子上有白色和绿色花纹。它在温和的过滤光下长得最好，但是也能接受间接光，甚至是从北向窗户照进来的光线。

如何养护花叶万年青

使用通用盆土即可。

| 光照

花叶万年青喜欢温和的间接光照或过滤光，例如从东向或西向窗户照进来的光线。它也能待在北向窗台上。

| 水和湿度

土壤表层约2.5厘米变干时浇水，秋天和冬天不要经常浇水。浇水时将植物旋转90度，让它均匀生长。这种植物喜欢潮湿的环境，如果你家比较干，就在下面加一个卵石水盘。

| 温度

它喜欢18~27摄氏度的室温。

| 尺寸

许多品种的高度在30~60厘米，有些品种可能更大，因此成为餐桌和花架上的首选绿植。

| 病虫害

当心粉蚧和叶螨。

| 其他提示

这种植物的汁液会刺激皮肤，所以处理时要戴手套。

叶尖变成棕色，可能是因为吸收了太多肥料中的盐分。把它拿到水槽里，用水冲刷盆土，洗掉多余的盐分。

玉珠帘

Sedum morganianum

玉珠帘是一种精致的多肉植物，因为外形动人而颇受欢迎。灰蓝绿色的茎干像驴尾巴（要我说，它更像细长鲜嫩的笋尖），所以有了一堆绰号，比如小驴尾巴、马尾巴和羊尾巴。玉珠帘放在手工制作的陶瓷花盆或吊篮里，垂下长长的"尾巴"，尤为惊艳。玉珠帘和其他多肉植物一样好养，唯一要注意的是，小小的叶片轻轻一碰就会脱落，所以尽量少碰它。不过，落叶不是坏事，因为叶片可以拿来繁殖。谁不想要更多的玉珠帘呢？夏天开的粉色小花，也很可爱呢。

如何养护玉珠帘

| 土壤

使用仙人掌和多肉植物专用盆土。

光照

玉珠帘喜欢明亮的光线，经过一段时间，还能适应全日照。东向的窗户特别适合它，如果窗户朝西，就把玉珠帘往屋里放一放。仔细观察南向和西向房间里的玉珠帘，如果有晒伤，就给它换个位置。

水和湿度

土壤表层约 2.5 厘米变干时浇水。冬天少浇水，也不需要增加湿度。

温度

大多数时候，18~24 摄氏度是理想室温，不过冬天的低温更适合它。

尺寸

玉珠帘的大小取决于其年龄和生长状况。刚买回家的时候，它可能就待在窗台上的小花盆里，一段时间之后，它的茎可以长到 30~60 厘米，就能放进吊篮里啦。

病虫害

当心根腐病、蚜虫和晒伤。

其他提示

你可以用叶片繁殖更多玉珠帘。

鹅掌藤

Schefflera arboricola

鹅掌藤的叶子最迷人。小叶绕叶柄一圈，好像一把雨伞，又像一条章鱼（所以有人会叫它章鱼树），甚至像手指。它稳重、整洁，生长缓慢。放心，你家不会因为它变成肃穆的教堂。定期修剪让枝叶变得浓密干净，并保持你想要的高度。

我在商城里见过假的鹅掌藤，其实没有必要用假的，因为它特别好养，根本不用费心。光照温和，偶尔浇水就行。不过它有向光性，枝叶会向光线倾斜。每周给它旋转 90 度，你的鹅掌柴就能均匀直立生长啦。

如何养护鹅掌藤

| 土壤

使用通用盆土即可。

| 光照

鹅掌藤喜欢从东向或西向的窗户照进来的温和的间接光或过滤光，尽量避免阳光直射。如果鹅掌藤的彩叶褪色了，说明它没有获得足够的光照。

| 水和湿度

等土壤表层 2.5 厘米变干再浇水。浇水太多，会导致根腐病；而浇水不足会让枝叶下垂。增加湿度能让干燥环境中的鹅掌藤长得更好，偶尔给它喷雾，或不时把它放在卵石水盘上。

| 温度

室温 16~27 摄氏度适合鹅掌藤生长。

| 尺寸

这是一种落地植物，可以长到 1~1.8 米高。

| 病虫害

小心介壳虫、叶螨和根腐病。

| 其他提示

偶尔用湿布擦拭叶片，或者给它洗个澡，保持清洁。若能再来点湿气，它会更开心！

拟石莲花

Echeveria

拟石莲花，又名"母鸡和小鸡"（hens and chicks），是一种玫瑰花形的多肉植物，生长在温暖、半干旱地区（有时会被错认成长生草，后者可以在更寒冷的环境生长，甚至长在阿尔卑斯山上）。一旦接触到各种拟石莲花，你会想把它们都带回家，因为实在是太可爱啦！这个属的植物都是小个子，正好可以组成一个微缩盆景呢！

和大部分多肉植物一样，拟石莲花特别适合新手。它们喜欢温暖、充足的光线，水不用太多。事实上，它们可以忍受一定程度的干旱。如果你经常旅行，或者总是忘记照顾植物，拟石莲花是很好的选择。

如何养护拟石莲花

土壤

用仙人掌和多肉植物专用盆土。

光照

把你的拟石莲花放在明亮的阳光下，比如南向或西向窗户的窗台上，让它享受全日照。

水和湿度

土壤表层2.5厘米左右变干再浇水。秋天和冬天减少浇水次数，浇太多水会导致根腐病。不需要操心湿度问题。

温度

16~27摄氏度的室温适合拟石莲花生长。

尺寸

这个属的植物都不大，直径不过几英寸，非常适合装饰阳光充足的窗台。

病虫害

当心粉蚧、根腐病和晒伤。

如果你的拟石莲花从玫瑰形的基座中又抽出一条茎，不要担心，那是花梗！简单的一片叶子就能长成一株新的拟石莲花。

想要更多选择吗？特玉莲（Topsy Turvy）看起来像一团盛开的灰绿色洋葱，"纽伦堡珍珠"（Perle von Nurnberg，又称紫珍珠）叶片带点紫色和粉色。七福神（E. secunda）、月影（E. elegans）和玉凤（E. imbircata）这些最近流行的品种也不错。

洋常春藤

Hedera helix

　　啊，常春藤！它是"神秘园"的浪漫使者，造访一座座乡间小屋，抚过一面面墙壁。不要因为浪漫就忽略了它作为爬藤的侵略本性，它有时会破坏墙壁、檐沟和墙板。到了室内，洋常春藤就变成我们可爱又坚强的伙伴，还有很多不同种类可供选择。想象它从书架上或花柱上垂下绿色的枝叶。你也可以让它向上生长，或者改造成各种造型。只要及时修剪，就能控制洋常春藤的长势，保持它的翩翩风度。

　　养洋常春藤的另一个好处是，不需太多光线它就能茁壮成长。如果你的房间只在北面开窗，就试试洋常春藤吧。凉爽的房间也可以，不过要保证湿度。

如何养护洋常春藤

| 土壤

使用通用盆土即可。

| 光照

洋常春藤喜欢中强度的间接光或过滤光，如从北向或东向窗户照进来的光线。花叶常春藤需要更多光照，不然叶子会变回绿色。避免全日照和阳光直射。

| 水和湿度

让土壤保持湿润，但是不要积水。土壤表层约1厘米变干再浇水。秋天和冬天少浇水。在干燥的条件下，用卵石水盘保持较高湿度。

| 温度

10~21摄氏度的较冷室温为宜，但洋常春藤也可以接受这个范围以外的温度。

| 尺寸

因为蔓生或攀缘的特性，洋常春藤有大有小。

| 病虫害

这种植物容易生叶螨。湿气有助于防止虫害，偶尔给它洗个澡冲洗叶片也有预防效果。

| 其他提示

有一点要注意：如果浇水太多，叶子可能诡异地变干且变成棕色。湿度不足也会导致这种情况。洋常春藤可以很容易地用茎尖扦插繁殖。

琴叶榕

Ficus lyrata

　　榕属（Ficus）大约有 900 种植物，俗名无花果，比如我们吃的无花果（Ficus carica），在超市里可以买到的水果，味道好极了！这里介绍的是名为琴叶榕的一种观赏无花果。近来，不论访问设计类博客、照片墙（Instagram）还是家具店，你都能看到成打的琴叶榕。它们或枝叶浓密，或亭亭玉立，迷人的小提琴形叶片似乎在一瞬间就让房间变得平静舒适。给它明亮的光线（不是全日照哦），它就会茁壮成长，你唯一需要操心的是别让它长得太高。

如何养护琴叶榕

｜ 土壤

　　使用通用盆土即可。

光照

琴叶榕喜欢明亮的光线，但太多阳光会让它不舒服，朝东的窗户是理想的位置。如果你家窗户朝西，把它放在离窗户稍远的地方，或者用透光的窗帘来驱散午后炎热的阳光。

水和湿度

土壤表层约 2.5 厘米干燥时浇水。你的琴叶榕喜欢定时定量喝水，不喜欢泡在水里。冬天减少浇水次数。若房间或气候干燥，用卵石水盘增加湿度。

温度

16~27 摄氏度的室温适合它生长。

尺寸

琴叶榕能长到 1.8~3 米高。

病虫害

小心叶螨、蚜虫和介壳虫。

其他提示

琴叶榕约 46 厘米长的大叶子很容易积灰，可以定期用柔软的湿布擦拭叶片，保持植株健康。

不要频繁换盆，以防琴叶榕长得太高。可以通过修剪根球和枝叶控制植株大小，但要小心：无花果会渗出含乳胶的黏稠汁液，有些人对乳胶过敏。修剪时可以戴上园艺手套，把琴叶榕搬到室外修剪，以免汁液滴落在地板上。

长寿花

Kalanchoe blossfeldiana

谁能拒绝名为长寿花的植物呢？看看这些花儿！虽然和书里的另一种伽蓝菜——月耳兔截然不同，但它们都是多肉植物，生长环境也差不多。因为能持续开出红色、粉色、黄色和橙色等明亮花朵，长寿花在节日期间特别受欢迎，但是任何时候你都能买到它。它的花朵确实夺目，荷叶边的叶片也好看。如果打算把它当作观叶植物，就在花朵凋谢之后剪掉花梗。幸运的话，还会有更多花梗冒出来。

如何养护长寿花

| 土壤

使用仙人掌和多肉植物专用盆土。

光照

长寿花喜欢从南向窗户照进来的充足光线，但是要让长寿花逐渐适应这种光线，以免晒伤叶子。从东向或西向窗户照进来的明亮光线（包括间接光）也很好。

水和湿度

土壤表层2.5厘米看起来干燥时浇水。冬天减少浇水次数。浇太多水会导其致茎部腐烂，变黑变软，然后死去。长寿花对湿度没有特殊要求。

温度

18~30摄氏度的室温适合它。

尺寸

长寿花是个小个子（25-30厘米高）。

病虫害

当心茎腐病、叶螨和粉蚧。

其他提示

让长寿花再开花并不难，做到以下几步就行：偶尔晒晒太阳，将温度控制在一定范围内，然后将植物放在暗处待上几周，接着你就静候花蕾的出现吧。如果对这个过程感兴趣，你可以上网或翻书查资料，依照说明一步步完成。

长寿花很容易用茎尖扦插繁殖。

金琥

Echinocactus grusonii

仙人掌，有人对它爱不释手，有人则对它恨之入骨。在我看来，它是活着的雕塑，在家中营造沙漠风格。它多刺的模样让很多人望而却步——其实没事，它是不会主动拥抱你的。虽然有杀不死的名号，但是如果浇太多水或者光线不够，还真的有可能杀死一株仙人掌。想想仙人掌生活的自然环境：非常干燥，阳光充足，几乎没有阴凉。所以，你家最亮的地方就是仙人掌的乐园。把它放在那儿，之后基本不用管。

金琥，形状像一个针垫，不过上面有多条深深的凹陷，是最受欢迎的室内植物之一。如果照顾得好，可以活很多很多年，不过它长得真的很慢。

如何养护金琥

使用仙人掌和多肉植物专用盆土。

| 光照

金琥喜欢晒太阳，把它放在南向窗台附近。

| 水和湿度

土壤表层约 5 厘米干燥时浇水。冬季浇水次数不要太频繁，浇水过多容易导致根腐病。金琥喜欢干燥空气，所以不需要增加湿度。

| 温度

13~24 摄氏度的室温适合这种仙人掌。冬季气温最好维持在十几摄氏度。

| 尺寸

虽然在室内它有可能长到几英尺高，但因为生长缓慢，多数情况下都被人当成小个子（10~25 厘米）。

| 病虫害

当心根腐病、粉蚧和叶螨。

| 其他提示

金琥换盆时，除了小心翼翼，还要注意什么呢？记得戴上厚厚的园艺手套，然后用上家里的钳子，也可以用几张报纸把金琥从花盆中拿出来。

心叶蔓绿绒

Philodendron hederaceum,
syn. Philodendron scandens

心叶蔓绿绒是新手的首选，因为它好养又易活。实际上，不管园艺水平如何，你都能养活这个小可爱。顾名思义，它的叶子是心形，深绿色的叶片光彩夺目。心叶蔓绿绒是攀缘植物，既可以放在吊篮里，也可以固定在柱子或棚架上。

虽然温和明亮的光线能让它茁壮成长，但在没有阳光直射的地方它也能栖身。心叶蔓绿绒很坚强，所以可以先把它放在阴凉的地方稍作适应，如果状态不好，就换个地方。

如何养护心叶蔓绿绒

土壤

使用通用盆土即可。

光照

明亮的间接光线或过滤光最理想，例如从东向或西向窗户照进来的光线，但是北向窗台上较弱的光照它也能适应。

水和湿度

土壤表层 2.5~5 厘米变干再浇水。如果叶子变黄，可能是因为水分过多。一般的湿度条件就行。

温度

16~27 摄氏度的室温适合它。

尺寸

心叶蔓绿绒可以长很大，茎长 1.2~2.4 米的大家伙能直接放在地上，也可以把它剪成小个子，养在吊篮或普通花盆里更容易照顾。

病虫害

当心根腐病、蚜虫和介壳虫。

其他提示

如果想让心叶蔓绿绒沿着柱子或棚架攀爬，要用植物专用的绳结固定枝叶。等它长出气生根附着在柱子上，绳结就可以去掉了。

像对待其他叶子扁平的植物一样，偶尔用湿布掸去其叶子上的灰尘。小盆的心叶蔓绿绒，可以用室温水淋浴。

心叶蔓绿绒很容易用茎尖扦插繁殖。

吊竹梅

Tradescatia zebrina

在家乡墨西哥，吊竹梅在户外匍匐生长，在某些气候条件下甚至会变成入侵者。在室内，它是受欢迎的吊篮植物，当然你也可以把它种在普通花盆里。吊竹梅的叶子有各种颜色，点缀着银绿色和紫色条纹。

刚买的吊竹梅可能长得又小又密，慢慢地，它的茎垂下来有60~90厘米长。有空就修剪一下，让它看起来更整洁饱满。总的来说，这是一种不用费心的室内植物。想要更多选择的话，可以看看流行的粉红叶品种——三色紫露草。

如何养护吊竹梅

| 土壤

使用通用盆土即可。

| 光照

让你的吊竹梅在东向或西向的窗台沐浴明亮的光线。更温和的阳光（比如过滤光或间接光）也能让它长得很好。

| 水和湿度

保持土壤湿润，但是不要积水；土壤表层变干燥时浇水。冬天少浇水。一般的室内湿度就很好。

| 温度

16~27 摄氏度的室温适合这种植物生长。

| 尺寸

吊竹梅属于中小型植物，个头不高（大约 15 厘米），但有长长的攀缘茎。

| 病虫害

小心叶螨、根腐病和蚜虫。

| 其他提示

吊竹梅很容易地用茎尖扦插繁殖。你也可以把它分株，然后放入不同的花盆。

翡翠木

Crassula ovata

　　翡翠木是受人喜爱，甚至可以说是受到眷顾的室内植物。这种美丽的多肉有鲜翠欲滴的叶片，不挑剔生长环境；长大之后，看起来像一棵挺拔的小树。像其他多肉植物一样，翡翠木不需要太多水分或湿气，一片叶子就能繁殖（它又叫作"友谊草"，因为你可以用小翡翠木结交朋友）。它可以活很长时间，如果你的翡翠木有幸长到10岁进入成熟期，它会在冬天开花。是不是觉得翡翠木看起来像盆景？你很有眼光哦。因为容易修剪造型，它常被当成盆景的主角。

如何养护翡翠木

｜ 土壤

　　使用仙人掌和多肉植物专用盆土。

光照

翡翠木在明亮的光线下会很快乐，比如从西向或南向窗户照进来的阳光。在全日照条件下，叶片会略微发红。如果茎叶徒长（看起来又细又长）或者歪向光源，说明它需要更多光照。

水和湿度

土壤表层 2.5~5 厘米变干再浇水。如果叶片变黄，可能是因为浇水过多，冬天要减少浇水。翡翠木对湿度没有特别要求。

温度

16~27 摄氏度的室温适合它。

尺寸

翡翠木的大小因年龄而异。一株小翡翠木可以放在窗台上，成熟后能长到 60~90 厘米高。

病虫害

当心根腐病和粉蚧。

其他提示

一开始买回家的翡翠木，可能在花盆里挤了好几株。春天的时候要把这几株分开，放到不同的花盆里。有空就用湿布擦去叶片上的灰尘。

兜兰

Paphiopedilum

你是不是在想"我不可能种这种植物。它那么精致，一定不好养"？其实，外表是会骗人的。一个又一个专家会告诉你，这是极好养的一种兰花，新手都能养好。你也可以，相信我。

我们更熟悉蝴蝶兰，逛超市的时候会随手拿一盆放进推车带回家。兜兰却是个新面孔，这个名字就在暗示它口袋一样的花朵。与其他兰花不同，兜兰属不是附生植物（空气植物），而是陆生植物。它不需要太多光照，适合所有人。兰花有一个最大的优点，那就是花可以一直开，至少持续几个月，兜兰当然也不例外。

如何养护兜兰

| 土壤

　　地生兰类专用盆土最好，找不到这种盆土的话，就将水苔和兰花树皮混合配置。

| 光照

　　间接光最适合这种兰花。东向窗户附近是个不错的选择，北向窗户也可以，但要让兰花靠近窗户。南向或西向的位置需要过滤光，同时把兰花从窗户移回屋内一些，因为很容易晒伤。

| 水和湿度

　　兜兰比其他兰花更爱喝水。盆土表层摸起来干燥时就要浇水，通常每隔几天一次。最好给这些可爱的家伙喝过滤水或蒸馏水。生于热带的它们喜欢潮湿，所以要用卵石水盘增加环境湿度。

| 温度

　　16~30摄氏度的室温为宜，但这个范围以外的温度也可以忍受。

| 尺寸

　　这种植物不大，叶子约15厘米长，花穗高度通常会超过30厘米。

| 病虫害

　　当心粉蚧。

| 其他提示

　　想让你的兰花再开花吗？那要保证8摄氏度的昼夜温差哦。

金边银纹铁

Dracaena deremensis 'Lemon Lime'

　　我早就看上了金边银纹铁那有明亮条纹的叶子，在不知道它叫什么的情况下就买了一盆回家。我把这株神秘植物放在一扇光线不太好的窗户跟前，就没再管它。我原本打算再做点什么，比如搞清楚它的名字，或是学会照顾它，却都没有付诸实践。它却毫不介意，虽然没长多少，但我的疏忽也没对它造成什么伤害。被精心呵护的金边银纹铁，在光照更好的条件下可以长得更高（好几英尺呢），不过轻轻松松让它保持小个子也挺好。它可以让任何室内风格变得时尚动人。虽然不管不问没什么坏处，但最好花些心思让它长得更好。

如何养护金边银纹铁

土壤

使用通用盆土即可。

光照

金边银纹铁可以在各种光照条件下生存，但透过东向或西向窗户照进来的中强度光线最适合它。北向的窗台上也可以，但它在那儿长得不好。

水和湿度

土壤稍微变干再浇水。在干燥条件下，用卵石水盘增加湿度。其干燥的叶尖意味着水分或湿度不足。

温度

16~27摄氏度的室温为宜，但是若超出这个范围，它也能够忍受。

尺寸

幼树可能有约30厘米高，适合放在桌上；渐渐地，它会长成更大的落地植物（超过1.5米高）。市面上也能买到大盆的金边银纹铁。

病虫害

小心粉蚧、根腐病和介壳虫。

其他提示

像许多叶子又宽又长的植物一样，金边银纹铁的叶片会积灰，所以偶尔给它冲个澡或者用湿布擦去灰尘。

富贵竹

Dracaena sanderiana

富贵竹，你一定不陌生，餐馆、办公室和商店里随处可见。人们认为它能带来快乐，当然还有运气，所以喜欢把它送给别人做礼物。因为它经常插在水中，我们会忘记它是可以长在土里的室内绿植。错把它当成竹子也是常有的事，不过它其实是一种龙血树，和金边银纹铁一样，都是龙血树这个属的植物。竹节一样的茎，常被弯曲或编织成各种造型。如果你的富贵竹长在水里，就让它维持原状，保证根部在水里就行。它可以说是最好养的一种室内植物：命硬，不用太多光线，甚至不需要土壤。唯一需要注意的是，浇水时只能用蒸馏水、过滤水或是雨水，因为它不喜欢自来水中的氯。愿它带给你好运！

如何养护富贵竹

土壤

富贵竹通常生长在水中，也可以用通用盆土。

光照

中低强度的明亮光线最好，比如从北向或东向窗户照进来的光线，更弱的光线它也能接受。避免阳光直射。

水和湿度

如果你的富贵竹养在水里，需要一周换一次水，只能是蒸馏水、过滤水或雨水。每隔几个月加滴营养液。如果长在土中，需要保持土壤湿润，不要积水，用卵石水盘提升干燥房间的湿度。

温度

16~24 摄氏度的室温适合这种植物生长。

尺寸

富贵竹有大有小，几英寸到 90 厘米左右高度不等。

病虫害

当心粉蚧。

其他提示

只要水有味道，就要立即更换！如果富贵竹种在水里，可以给它加几颗鹅卵石或大理石做点缀。

迈耶柠檬树

Citrus × meyeri

　　在室内种柑橘，是一种与众不同的体验。不需要跑到亚热带或热带地区，个头不高的柑橘树如今在花市和苗圃唾手可得，而且在室内不会长得太高。

　　迈耶柠檬树是柠檬树和柑橘树的杂交品种，果实没有超市卖的柠檬酸，而且带点花香，是甜点师和厨师心仪的食材（价格不菲哦），所以为什么不自己种一棵呢？这种植物需要很多阳光，最好把它放在南向窗户附近。如果有阳台这样的户外空间，夏天就把它移到那儿。迈耶柠檬树能开出满树的花朵，清香四溢，种下两三年后就会结果。

如何养护迈耶柠檬树

| 土壤

使用排水良好的通用盆土，能找到柑橘专用盆土更好。

| 光照

迈耶柠檬树喜欢晒太阳，所以把它放在阳光充足的地方，比如南向窗户附近。如果条件允许，夏天就移到户外。

| 水和湿度

土壤表层2.5厘米变干时浇水，浇水要有规律，不能让土壤太干。秋天和冬天少浇水。冬天想要增加湿度，可以把它放在卵石水盘上。

| 温度

16摄氏度以上的室温适合这种植物生长。

| 尺寸

迈耶柠檬树有30~90厘米高。

| 病虫害

迈耶柠檬容易吸引介壳虫，还有粉蚧。

| 其他提示

空气流通有助于迈耶柠檬树授粉，我有时也用手指抚摸花朵帮助授粉。

在早春到初夏的生长季节，给你的迈耶柠檬树施肥。有一种柑橘专用有机肥料，可以直接撒在盆土上。

龟背竹

Monstera deliciosa

　　这个"美味的怪物"，又叫裂叶蔓绿绒（split-leaf philodenron）、瑞士奶酪树（Swiss cheese plant），备受设计博客和社交网络推崇。在拉丁语中，monstera 的意思是"不正常"，而龟背竹的样子的确不同寻常——不同寻常的魅力。它的果实可以吃，不过养在室内的龟背竹很少结果。果实以外的部分都有毒，所以千万不要尝试，更不要让宠物靠近。

　　你很容易就会被龟背竹吸引。这种落地植物很好养活，但是要小心，别任由它长成绿巨人；也千万不要因为你的龟背竹叶片没有裂开而灰心丧气。小龟背竹的叶片都是完整的一片，在它长大的过程中孔洞才渐渐显现，高级的说法是叶片会"开窗"。

如何养护龟背竹

| 土壤

使用通用盆土即可。

| 光照

这种植物喜欢明亮的间接光或过滤光，例如从东向窗户照进来的光线，也可以在北向窗户的较弱光线下生长。在原产地，这种植物栖身在大树的树荫下，光线透过层层叶片照到它身上。因此，它一开始会远离光线生长，这种"负向光性"能帮它找到栖息的树荫。另外，龟背竹要避免阳光直射，转动使其均匀生长。

| 水和湿度

土壤表层约2.5厘米摸起来很干，就要浇水。秋天和冬天减少浇水频次。作为一种热带植物，龟背竹喜欢潮湿的空气，可以用卵石水盘增加湿度。

| 温度

16~30摄氏度的室温适合它生长。

| 尺寸

小龟背竹只有45厘米左右高，但它可以长到1.8~2.4米，特别适合放在地上。

龟背竹不容易感染病虫害，但要注意蚜虫、粉蚧、介壳虫或根腐病。

| 其他提示

它有气生根，或者说长在地面以上的根。可以把较低的气生根放入土壤中吸收养分，让长得较高的根部绕着柱子或支架生长。

如果你家没有足够的空间放一整株龟背竹，可以试试插条。把几片叶子插在大花瓶里，一两个月虽说不长，但也足够让你感受到龟背竹的热带风情。

蝴蝶兰

Phalaenopsis

　　兰花是世界上最大的一个开花植物家族，有700多个属，25 000多个不同种类。毫无疑问，其中最受欢迎的品种就是蝴蝶兰。它有些小缺点，比如叶子倾斜，总是扭作一团的卷须，还有它的花看起来像是浮在上方，但瑕不掩瑜。难怪兰花开启了植物痴迷（和偷窃[1]）的历史。就连查尔斯·达尔文都被迷住了。达尔文发现，兰花总是和传粉媒介一起完美进化，这一事实被他认定为进化论的确凿证据之一。

　　尽管有难伺候的名声，兰花其实很好养。蝴蝶兰是附生植物（空气植物），所以应该用树皮、椰子纤维或水苔做盆土。蝴蝶兰经常在冬天开花，花期持续好几个月。

----

[1] 一些兰花品种比较稀少，在市场上被炒作，以致价格攀升，并产生与之相关的偷窃事件。——译者注

如何养护蝴蝶兰

| 土壤

使用兰花盆土、椰子纤维或水苔。

| 光照

蝴蝶兰喜欢温和的光照。把它放在东向窗户或者西向的窗户附近沐浴过滤光。如果你的浴室光照充足，就把蝴蝶兰放在那儿，那里的湿度会让它很满意。注意避免阳光直射。

| 水和湿度

盆土变干再浇水。多数情况下，每周浇水一次。将植物放到水槽里，用流动的温水浇透，水完全排干后再把植物放回原处。或者在水槽中浸泡 20~30 分钟，水温与室温一致。如果你住的地方湿度不够，把它放在卵石水盘上。

| 温度

16~30 摄氏度的室温适合蝴蝶兰生长。

| 尺寸

蝴蝶兰不大，适合放在窗台或桌面上。

| 病虫害

蝴蝶兰不易感染病虫害，但要小心介壳虫。

蝴蝶兰的根会长到花盆外，不用管它。根部如果萎缩或干枯，切除就行。健康的蝴蝶兰根是亮绿色的，有银色的鞘。

想要蝴蝶兰再开花，需要经历低温的历练。夏末或初秋，晚上温度不低于 13 摄氏度的时候，把蝴蝶兰移到室外待上几周；或者冬天把它放在凉爽的窗台上。从花穗出现到第一次开花可能需要几个月的时间，所以要有耐心。

如何区分花穗和气生根？刚长出来的花穗看起来像一只小手套。

蝴蝶兰有时会在老花梗上长出被称为幼苗（keiki[①]）的新植株。一旦幼苗长出叶片和根，就切下来种到花盆里，然后你又多了一盆蝴蝶兰。

---

① keiki 是夏威夷语，意思为幼儿或儿童。在园艺界，keiki 指兰花无性繁殖的植株。——译者注

网纹草

Fittonia

如果你喜欢精心呵护你的植物朋友，就选网纹草。若生活在温暖潮湿的地方，那就再合适不过了。这种来自南美洲热带雨林的植物，喜欢潮湿的空气和土壤。如果得不到足够的水分，它可能会萎靡不振，之后就蔫儿了——典型的"适应失调"。但是如果水分过多，它又会腐烂。所以谨遵金发姑娘原则①，做到"恰到好处"。虽然难养，但谁能抗拒网纹草精美的叶片呢？叶子布满细致纹路，边缘还点缀着白色、粉色或红色。没法提供温暖潮湿的环境，也不要担心：它在玻璃盆景里如鱼得水，与嫣红蔓相得益彰——不仅外形相配，对环境的要求也差不多。

----

① "金发姑娘原则"源自童话故事《金发姑娘和三只熊》。金发姑娘发现了三只熊的房子，每只熊都有自己喜欢的食物和床。在挨个尝试过三只熊的食物和床后，金发姑娘发现一个要么太大或太热，一个要么太小或太凉，只有一个"恰到好处"。——译者注

如何养护网纹草

| 土壤

使用通用盆土即可。

| 光照

网纹草喜欢从东向或西向窗户照进来的中强度的间接或过滤光，要远离直射光。

| 水和湿度

保持土壤潮湿，但不要积水。可以把微型网纹草放在玻璃盆景中，这样更容易控制湿度和温度。在盆景中可以使用卵石水盘或加湿器来增加湿度。

| 温度

18~27摄氏度的室温最适合网纹草生长，不能低于13摄氏度。

| 尺寸

网纹草非常小，只有7.5~15厘米高。

| 病虫害

当心蚜虫和根腐病。

| 其他提示

网纹草可以用茎尖扦插繁殖。

异叶南洋杉

Araucaria heterophylla

　　如果你想家里一年四季都有过圣诞的感觉，或者想打造一个丛林之家，就选异叶南洋杉吧。原产于澳大利亚诺福克岛的它，并非真正的松树，却常在假日被买回家做小型圣诞树。我之所以强烈推荐异叶南洋杉，是因为除了渲染节日气氛，它还能给你的家增添一种妙不可言的乡村味道。

　　作为一种室内植物，刚买回家的小树通常只有 70 厘米高，几年后慢慢会长到 1.8 米。12 月，在任何超市、大卖场或仓储式商场都可以买到这种植物，有的商家为了烘托节日气氛有时会给它们喷上绿色油漆，甚至撒满金粉。一个小建议，与其在上述那些地方买，不如去靠谱的花市买盆更好的。

如何养护异叶南洋杉

| 土壤

使用通用盆土，最好混入沙子改善排水情况。

| 光照

异叶南洋杉喜欢从东向、西向或南向窗户照进来的直射光。如果它的针叶变黄，可能是晒过头了。每周将植株转动90度，使其均匀生长。

| 水和湿度

保持土壤潮湿，但不要积水。使用卵石水盘提升湿度，偶尔给它喷雾。如果房间太干，就用加湿器。

| 温度

13~24摄氏度的室温适合它生长。

| 尺寸

异叶南洋杉可以长到1.8米左右高。

| 病虫害

当心粉蚧、根腐病、叶螨和介壳虫。

紫叶酢浆草

Oxalis triangularis

这种植物深紫色的叶子好像蝴蝶，停在细长的茎上。紫叶酢浆草看似优雅精致，实则坚忍顽强。和豹纹竹芋一样，它喜欢和光玩游戏：早上，三片小叶像雨伞一样张开，一到晚上就合上。

你可能听过紫叶酢浆草的别名，比如"紫色三叶草"、"三叶草"或"假三叶草"。实际上它的家乡是巴西，而不是绿宝石岛（即爱尔兰——三叶草的家乡）。因为地下长有球茎，它的叶子有时会枯萎，进入休眠状态。这时候就让它休息，不要浇水，也不用照看。它会在2~4周（时间有时更长）长出新芽，之后继续照顾它吧。

如何养护紫叶酢浆草

| 土壤

使用通用盆土即可。

| 光照

这种植物喜欢中强度的间接光线。把它放在东向窗户附近，或者在更明亮的窗边让它沐浴过滤光。

| 水和湿度

土壤表层约 2.5 厘米变干时浇水。一旦它进入休眠状态，就等它长出新芽再浇水。一般的室内湿度就能满足它的需要。

| 温度

16~24 摄氏度的室温最适合它生长。

| 尺寸

这种植物很小，只有约 15 厘米高。

| 病虫害

小心叶螨。

| 其他提示

如果叶子因缺水而死，只需要剪掉枯叶，让它休眠，然后等待它重生。

月兔耳

Kalanchoe tomentosa

　　这个毛茸茸的家伙，还有一个名字叫"泰迪熊草"，超级无敌软，照顾它无比简单。因为是多肉植物，所以不需要经常浇水；在干燥的环境中，它会非常快乐，唯一的要求就是不时晒会儿太阳（这点和我们人一样）。如果你花时间慢慢驯化，它甚至可以接受全日照。月兔耳刚买回家的时候可能很小，适合放在窗台上，之后会长高一点。如果你打算自己做一个多肉植物盆景，放些月兔耳进去，它那毛茸茸的叶子会让盆景更丰富活泼。

如何养护月兔耳

| 土壤

使用仙人掌和多肉植物专用盆土。

| 光照

月兔耳喜欢从西向或南向窗户照进来的明亮光线。如果你想让它适应全日照，就慢慢增加晒太阳的时间，同时小心别晒伤它。

| 水和湿度

土壤表层约 2.5 厘米变干再浇水。比起频繁浇水，它更能忍受你偶尔忘了浇水，水分太多反而会导致根腐病。避免水溅到其毛茸茸的叶片上。它不介意干燥的空气。

| 温度

16~27 摄氏度的室温为宜。

| 尺寸

高度从几英寸到 60 厘米左右不等。

| 病虫害

当心粉蚧、根腐病和晒伤。

| 其他提示

和其他多肉植物一样，月兔耳用插条就能繁殖。

袖珍椰子

Chamaedorea elegans,
syn. Neanthe bella

任何一本介绍热门室内植物的书都不会漏掉棕榈，至少会列出一种来。长有羽状叶子的袖珍椰子是其中的经典品种，可以说是最好养的一种棕榈。它的流行可以追溯到英国维多利亚时代，那时人们会在光线不好的客厅里摆上几盆棕榈等生命力强的植物。这种落地植物，几乎可以与任何一种室内风格搭配，挺拔又热闹，渲染热带风情。因为能容忍较弱的光照，即使待在角落里，它也没意见，只要能晒到些许明亮的间接光就行。袖珍椰子长得很慢，不会超出你的控制范围，所以不会攻占你家空间。

如何养护袖珍椰子

| 土壤

使用通用盆土或仙人掌和多肉植物专用盆土。

袖珍椰子可以接受从北向窗户照进来的微弱光线。不过，它更喜欢明亮的过滤光，不喜欢被阳光直射。

| 水和湿度

土壤表层约 2.5 厘米变干时浇水。将植物放在卵石水盘上，增加湿度，防止生叶螨。

| 温度

16~27 摄氏度的室温适合它生长。

| 尺寸

袖珍椰子可以长到 90~120 厘米高，是很好的落地植物。

| 病虫害

小心叶螨。

| 其他提示

如果可能的话，偶尔给你的棕榈冲个澡（可以一年几次，或者它变脏的时候），用温水冲掉叶片上的灰尘，预防产生叶螨。增加湿度，会让它特别开心！

如果想要更挺拔、更有热带风情的棕榈，就试试肯尼亚棕榈（Howea forsteriana），它可以长到 1.8~2.1 米，对环境的要求和袖珍椰子差不多。

白鹤芋

Spathiphyllum

　　白鹤芋一直都是室内的植物宠儿，而它的空气净化能力最近才得到 NASA 的研究认可，甚至被称作"净化空气的高手"。白鹤芋不需精心照顾，也不用太多光照。除了叶片优美光滑，在光照充足的条件下，它还会开出美丽的白色花朵，能开一个月呢。白鹤芋还喜欢规律地喝水，即使水分不足也没太大影响。真缺水的时候，它的叶片会下垂；一旦喝饱水，它就马上打起精神。不过，最好不要让缺水的情况经常发生，否则会把你的白鹤芋累坏的。

如何养护白鹤芋

｜土壤

　　使用通用盆土即可。

光照

白鹤芋可以在低强度光照下生长，比如从北向窗户照进来的光，不过明亮的过滤光更能取悦它。注意，这种植物不能直接晒太阳哦。

水和湿度

要定时定量给它喝水，土壤表层 2.5 厘米变干时再浇水。如果你家的水氯含量很高，需要先过滤一下。一般的室内湿度就很好。

温度

16~30 摄氏度的室温适合它生长。

尺寸

小的白鹤芋约 30 厘米高，较大的品种能长到约 1.2 米，可以直接放在地上。

病虫害

小心粉蚧和介壳虫。

其他提示

如果你家的白鹤芋是植株较大的品种，记得偶尔用湿布掸去叶子上的灰尘。

嫣红蔓

Hypoestes phyllostachya

　　和网纹草一样，嫣红蔓的叶子上有精美的花纹，非常漂亮。喜欢潮湿，所以它非常适合放在玻璃盆景中。嫣红蔓上有白色、浅紫色、红色等各色斑点，其中粉红斑点的品种最受欢迎。它的茎长长了，就剪掉一些（俗称"掐尖"，因为我们常用拇指和食指掐掉茎叶），以后枝叶会更浓密。

　　有一点要提醒大家：这种植物活不长，最多两年。开花之后，它很快就会死去，有时甚至等不到开花。所以不用难过，买盆新的就行了。

如何养护嫣红蔓

｜土壤

　　使用通用盆土即可。

光照

嫣红蔓喜欢明亮的光线，也能适应中等强度光照。从南向窗户照进来的强光，经过透光窗帘过滤后最适合它。东向和西向窗户也不错，不过不要离西向窗户太近。如果叶片开始卷曲或变成棕色，很可能是晒过头了。

水和湿度

不要让土壤干透，保持湿润，但不要积水。表层 1~2.5 厘米变干时浇水。嫣红蔓喜欢潮湿，越湿越好。将它放在卵石水盘上，或者同其他植物放在一起，增加环境湿度。时常给它喷雾，也可以直接把它种在玻璃盆景里。

温度

15~27 摄氏度的室温适合它。

尺寸

嫣红蔓可以长到 30~45 厘米高。

病虫害

当心白粉病和粉虱。

其他提示

挑选颜色对比或互补的网纹草和嫣红蔓，一起种在玻璃盆景中，再搭配叶片起褶的波士顿蕨，这样的盆景质地、色彩丰富又和谐。

嫣红蔓还可以从播种开始呢！

酒瓶兰

Beaucarnea recurvata

　　酒瓶兰实际上不是棕榈，但它那一蓬长叶子看起来还真像马尾（前面的袖珍椰子，才是真正的棕榈）。这种植物最显著的特点是茎干纤细，底部膨大。这种底部膨大的茎被称为"茎基"，能储存水分（读到这儿，你会发现酒瓶兰的样子是在提醒我们："不要浇太多水！"这就是它的心声）。因为茎基，酒瓶兰又被称为"象脚"。在户外，它长在半沙漠气候中，所以在室内也要给它营造这种环境——阳光充足，土壤排水良好；同时放下手中的水壶，别给它浇太多水。对水要求不高让酒瓶兰成为旅行爱好者和马虎的人的绝佳选择。

如何养护酒瓶兰

使用仙人掌和多肉植物专用盆土。

| 光照

酒瓶兰需要大量光线，最好是从南向或西向的窗户照进来的阳光。如果植物叶尖变成棕色，可能是晒过头了，需要将它移到更荫蔽的地方，然后剪掉棕色部分，保持植株整洁。

| 水和湿度

酒瓶兰的茎基储存了大量水分，所以要等到土壤全干（深度至少5厘米）再浇水。冬天减少浇水次数。无须为这种沙漠植物增加湿度。

| 温度

16~27摄氏度的室温适合它生长。

| 尺寸

酒瓶兰的尺寸变化较大，既有摆在桌上的小家伙，也有高度在1.8米以上的落地植物。

| 病虫害

当心根腐病和叶螨。

| 其他提示

酒瓶兰喜欢待在比自己稍大一点的浅盆里。

绿萝

Epipremnum aureum

绿萝有很多俗称，比如黄金葛、铜钱草和魔鬼藤。有些人觉得它很无趣，因为商场和办公室里随处可见。但是它真的好看，而且是极少需要你费心的植物朋友之一，因为它太好养了。它不需要太多光线，可以接受偶尔的忽视，对你的身体也有好处——NASA 推崇的净化空气的植物之一。

最受欢迎的绿萝品种是黄叶绿葛，有绿色和黄色的心形叶片。像绿萝这样的蔓生植物可以平衡你的室内植物收藏，增加植物群落的高度。把它放在一个高高的架子上，让枝叶随意下落，让它沿着花架或其他支撑向上攀爬，不断剪去枝叶还可以形成茂密的一丛。把它和落地植物配在一起，能让室内空间富于变化；几株小绿萝的组合又是完美的极简风。

如何养护绿萝

土壤

使用通用盆土即可。

光照

绿萝更喜欢中强度的过滤光，比如通过东向或西向窗户照进来的阳光。在光线较弱的条件下（比如北向房间）它可能长得更慢，叶子也会更绿。

水和湿度

土壤表层2.5厘米干燥时浇水。你的目标是防止土壤完全干燥或者积水。如果叶片发黄，可能是浇水过多。一般的室内湿度就能让绿萝感觉舒服。

温度

16~27摄氏度的室温适合它生长。

尺寸

绿萝是一种攀缘植物或蔓生植物，它的藤蔓可以长得很长，甚至超过3米。

病虫害

当心根腐病和粉蚧。

绿萝的新叶刚长出来时是绿色的，之后会慢慢变色。

如果藤蔓太长，就大胆修剪，确保你想要的长度。

想尝试繁殖，可以在小花瓶里放一个茎尖插条，让它生根。

豹纹竹芋

Maranta leuconeura

　　豹纹竹芋可以和紫叶酢浆草一起被归类为"会动的植物"，这是我对这类植物的非科学划分。和酢浆草一样，它会对光线情况做出反应，在黎明时愉快地打开叶片，晚上就闭合。据说，因为紧闭的叶子看起来像人祈祷时的双手，人们叫它"祈祷草"。这种常见植物的另一个魅力是拥有独特图案的叶子。不同品种的豹纹竹芋，图案不尽相同，但都明艳动人、自成一派，可以说适合任何一种室内风格。你可能以为，这样与众不同的植物一定很难伺候，实际上它出奇地好养。不需要太多的光线，甚至可以待在北向的窗台上。用喷雾或卵石水盘增加湿度，会让它更快乐，但是干一点也不碍事。

如何养护豹纹竹芋

| 土壤

使用通用盆土即可。

| 光照

豹纹竹芋喜欢中等强度的间接光或过滤光。你可以把它放在北向的窗台上，或者靠近有透光窗帘的东向窗户，避免阳光直射。

| 水和湿度

让土壤保持湿润，但是不要积水，土壤表层约 1 厘米变干就给它浇水；冬天少浇水。在干燥的房间里，把豹纹竹芋放在卵石水盘上，或靠近其他植物。如果你的浴室光照充足，那也是合适的位置，而且更潮湿。

| 温度

16~27 摄氏度的室温适合它。

| 尺寸

豹纹竹芋相对较小，大约 30 厘米高。

| 病虫害

小心粉蚧。

| 其他提示

你的豹纹竹芋会在冬天休眠，生长会变慢。

帝王秋海棠

Begonia rex

养帝王秋海棠就是看它的叶子，有紫色、红色、绿色等各种颜色。难怪人们会叫它"彩叶"秋海棠或"花叶"秋海棠。虽然它们不需要太多光照，但是在湿度上不能马虎，最好在 50% 以上。如果家里没有这种条件，可以像网纹草、嫣红蔓这些热爱桑拿的家伙一样放在玻璃盆景里。注意哦，这些美人儿会在冬天休眠。这时候，帝王秋海棠看上去没精打采，叶子也几乎掉光了。不过不要担心，只需要剪掉枯叶，让它好好休息，春天再浇水（不过，如果它在别的时间"休眠"，很可能是过世了）。

如何养护帝王秋海棠

┃ 土壤

使用通用盆土即可。

光照

把你的帝王秋海棠放在东向或北向的窗台上，沐浴明亮的间接光或过滤光，避免阳光直射。

水和湿度

持续浇水对帝王秋海棠至关重要。土壤顶部稍微变干再浇水；浇水后，土壤保持适度湿润，但不要积水。冬天少浇水，特别是在它休眠的时候。帝王秋海棠特别喜欢潮湿，所以可以将它放在卵石水盘上，增加湿度，或者放进玻璃盆景中。

温度

16~24 摄氏度的室温是它的理想生存温度。

尺寸

帝王秋海棠一般 20~30 厘米高。

病虫害

当心粉蚧、白粉病和灰霉病。

其他提示

帝王秋海棠喜欢浅盆，换盆的时候要尤其注意。

尽量别给你的帝王秋海棠喷雾或淋浴。它不喜欢叶子被打湿，水沾上叶片会留下斑点，还有可能让它生病。

橡皮树

Ficus elastica

橡皮树和琴叶榕一样都是榕属植物，不过它更好养。它不需要太多的光线，也不容易生虫，而且不会像其他室内榕树一样，条件稍有变化就落叶。它也是很好的净化空气的植物。大叶子厚实坚韧、有光泽，给人一种莫名的安全感。"勃艮第"（Burgundy）的叶子绿中带黑红，花叶印度榕（Tineke）有带黄边的深浅斑驳的绿色花叶，"红宝石"（Ruby）的叶缘略带粉红色。好好研究橡皮树品种，总能挑到你喜欢的。

如何养护橡皮树

土壤

使用通用盆土即可。

光照

橡皮树喜欢明亮的间接光，例如从东向或西向窗户照进来的光线。

水和湿度

土壤表层 2.5 厘米变干时浇水。土壤要干湿均匀，因为橡皮树可能会因为浇水过多而患上根腐病。冬天减少浇水次数。如果房间干燥，可以用卵石水盘。

温度

16~27 摄氏度的室温适合它生长。

尺寸

在野外，这种树可以长到 15~30 米高。但是，橡皮树很多年后也不太可能超过 3 米。

病虫害

小心根腐病和介壳虫。

其他提示

保持叶片干净闪亮，定期用湿布掸去灰尘。

搬运橡皮树时要戴手套。切割或修剪植株的时候，它会渗出乳白色汁液，刺激皮肤。向植株伤口喷水或盖一张湿纸巾就能让液体停止渗出。

虎尾兰

Sansevieria trifasciata

很少有植物能像虎尾兰那样，坦然接受被"置之不理"的命运，仅依靠自身的坚韧和一些沙砾就能活下来，甚至不需要光和水。好吧，事实不是这样，但它的确是最容易养活的室内植物之一，尤其适合粗心的主人。虎尾兰是一种多肉植物（是的，它是多肉），能在干旱条件下生存，又长又硬的尖叶尤为引人注目。最常见的品种是金边虎尾兰（Laurentii），斑驳的绿叶带黄色镶边。白玉虎尾兰（Moonglow/Moonshine）不太常见，但也能买到，而且特别好看：叶片中间是淡银绿色，边缘是深绿色，好像逐渐变淡的水彩。可以在电视柜上放几盆不同品种的虎尾兰，使用一样的花盆，随意组合，或者用一组高度不同的花盆来增加视觉趣味。这种植物也是一种很好的空气净化器，值得你种上几盆。

如何养护虎尾兰

| 土壤

使用排水良好的盆土，如仙人掌和多肉植物专用盆土。

| 光照

强光是虎尾兰茁壮成长的理想条件，但是它也可以适应其他光照条件，甚至是微弱的光线。但是，持续的直射光则会灼伤叶片。

| 水和湿度

土壤表层 2.5~5 厘米变干时再浇水，冬天少浇水。虎尾兰对湿度没有特别要求。

| 温度

16~27 摄氏度的室温适合它生长。

| 尺寸

虎尾兰通常有 30~90 厘米高。

| 病虫害

虎尾兰不太可能生病，但可能会感染粉蚧、叶螨或根腐病。

| 其他提示

因为虎尾兰的高度大于宽度，所以要把它放在又宽又结实的花盆里防止倾倒。

虎尾兰很容易通过插条繁殖。将一片叶子切成几英寸长的几段，记下每段的顶端和根部——植物自己很清楚哪一端朝上，如果头朝下种植，就不会长出来；接着把这几段的根部插入盆土即可。

吊兰

Chlorophytum comosum

　　一些批评家会觉得常见的吊兰太过普通，但它是一种非常适合新手的室内植物，而且拥有很棒的净化空气的能力。仅此一点就值得你再看它一眼，即使想到再来一盆吊兰就会让你无聊到想跳过这一页［如果你铁了心不想养吊兰，可以去看看"邦妮"（Bonnie）这个品种，它有漂亮的卷叶］。吊兰的叶子上有绿色和白色条纹，像喷泉一样从中心向外拱起。它会在底部长出长长的茎，被称为长匍茎；茎的底部会长出像小蜘蛛一样的子株。在大自然里，这些小家伙会落地生根，长成新植物。地板或桌子上可没有泥土让它们生长，所以你可以把它们种在盆里，或者挂起来养。

如何养护吊兰

| 土壤

使用通用盆土即可。

| 光照

从东向或西向窗户照进来的明亮的间接光最好，避免全日照，以免晒伤吊兰；来自南面的光线要过滤一下。

| 水和湿度

土壤表层约 1 厘米变干时浇水。偶尔喷雾会让它很开心，尤其是在干燥的房间里。吊兰可能对含氟的水有点敏感，叶尖会因此变成棕色。如果你家的水是市政供水，就要过滤后再给它浇水。

| 温度

13~27 摄氏度的室温适合它生长。

| 尺寸

吊兰通常有 30 厘米高。

| 病虫害

当心根腐病、叶螨、介壳虫和粉蚧。

| 其他提示

用锋利干净的剪刀去掉棕色的叶尖，保持植株整洁。

如果想让你的蜘蛛草长出子株，就不要过量施肥。肥料还会让吊兰叶尖变成棕色，所以偶尔在水槽里给它浇水，冲洗盆土中多余的盐分。

二歧鹿角蕨

Platycerium bifurcatum

还在寻找一些与众不同的植物来充实你的收藏？不要再找了，答案就在这儿。二歧鹿角蕨有像鹿角一样的银绿色叶片，质地厚实，不同于一般像蕾丝那样娇嫩的蕨类。你会发现，二歧鹿角蕨常长在木板上，底部用水苔基座固定，仿佛一座植物奖杯。当然它们也可以长在金属网或线编的花篮里，更方便浇水和展示。二歧鹿角蕨的基部由被称为盾叶的圆形叶片组成，盾叶盖住了根部和根部附着的基座。随着时间的推移，盾叶会变成棕色，不要误认为二歧鹿角蕨枯萎了，这是自然现象，不用在意。与许多兰花和凤梨科植物一样，二歧鹿角蕨也是一种附生植物（空气植物）。只要能满足它对湿度的要求，你就能轻松拥有这个朋友。

如何养护二歧鹿角蕨

| 土壤

二歧鹿角蕨经常被固定在木板的水苔基质上。如果你喜欢把二歧鹿角蕨放在吊篮里，先在篮子里垫一层水苔和兰花专用盆土的混合物，再放入你的二歧鹿角蕨。

| 光照

养二歧鹿角蕨成功的关键是中强度的间接光，例如来自东向窗户的阳光。不要把它放在全日照的地方，不然叶片会被晒伤。

| 水和湿度

谈及温度，那二歧鹿角蕨相当能忍，但它对湿度要求很高。给它喷雾，尤其是在干燥的房间里，或者把它放在加湿器附近，抑或放进像浴室这样湿度较高的房间里。不要等到盆土干透了才给基座的球根浇水，也可以让根部在水中泡一会儿。在炎热干燥的天气里，二歧鹿角蕨会需要更多水分。

| 温度

16~27 摄氏度的室温适合它生长。

| 尺寸

二歧鹿角蕨的叶子可以长到约 90 厘米。

小心介壳虫。

像对待其他蕨类植物一样，不要在敏感的叶子上使用化学物质。如果发现介壳虫，就用湿纸巾擦掉。

春羽

Philodendron bipinnatifidum,
syn. Philodendron selloum

　　巨大的叶子有点像手指张开的手掌，"粗枝大叶"的春羽是一种引人注目的植物。如果你是龟背竹的粉丝，你可能也会喜欢它，它们的生长条件也类似。春羽一定能让你的房间充满热带风情，但前提是空间要够大，因为它要"舒展身体"，横竖都要长。它的宽度（有1.8米宽）最终会超过高度，叶子可以长至约90厘米。随着时间的推移，植物会长出树干和气生根。如果你喜欢它的外观，但不喜欢它的大小，那就去看看"小天使"（Xanadu）等较小株的栽培品种吧。

如何养护春羽

土壤

　　使用通用盆土即可。

光照

春羽能够灵活适应各种光照条件。它在中强度光线下（来自东向或西向窗户的光）会长得很好，但也能适应光线较暗的地方，例如北向窗户附近。

水和湿度

土壤表层 2.5 厘米干燥时浇水。作为一种热带植物，它喜欢温暖和潮湿的环境。如果冬天的时候你家很干燥，用卵石水盘能增加湿度。

温度

16~27 摄氏度的室温适合它。

尺寸

随着时间的推移，这种落地植物会变得相当大。一棵大家伙能有 1.8 米左右宽，几英尺高。

病虫害

当心粉蚧、介壳虫和根腐病。

其他提示

那些大叶子容易积灰，你可以用湿布擦拭叶片，或者偶尔给它洗个澡。

蜻蜓凤梨

Aechmea fasciata

凤梨科有各种附生和陆生植物，包括空气凤梨、观赏凤梨等品种。像蜻蜓凤梨这样的凤梨科植物是很少见的，因为它们坚硬的叶子会形成一个类似于瓶子或罐子的储水库。浇水时，可以把水倒进土壤和"罐子"里，好像在给水壶加水。在原生地，凤梨科植物长在树上或树下，雨水经由罐口进入"罐子"储存起来。

长到三四岁的时候，蜻蜓凤梨会开出炫目的粉色和紫色花朵，花期持续几个月。它们只开一次花，之后慢慢死去。购买蜻蜓凤梨的时候要注意，它们都在开花时被出售。但是别灰心，你还有希望！蜻蜓凤梨老去的过程中会长出侧枝（或者说子株），当它们长到约 15 厘米高时，就可以移植到花盆里。

如何养护蜻蜓凤梨

| 土壤

　　能找到凤梨专用盆土最好，找不到就用兰花盆土。

| 光照

　　蜻蜓凤梨喜欢从东向或西向窗户照进来的明亮光或过滤光。

| 水和湿度

　　向"水罐"和盆土中加水，"水罐"中的水位维持在2.5~5厘米，每隔几周换一次水。也可以给植物冲个澡，洗掉叶子上的灰尘。这种植物对水质有点挑剔，尽量使用过滤水或蒸馏水。作为热带植物，蜻蜓凤梨喜欢潮湿的环境，可以用卵石水盘增加湿度。

| 温度

　　16~27摄氏度的室温适合它生长。

| 尺寸

　　蜻蜓凤梨通常有30~60厘米高。

| 病虫害

　　当心根腐病和介壳虫。

| 其他提示

　　花谢之后，剪掉花朵，继续照顾母株（愿花朵安息），直到子株可以移植到花盆中。

西瓜皮椒草

Peperomia argyreia

　　要求不高且低调，这样的椒草是颇受欢迎的常见观叶植物。看一眼西瓜皮椒草，你就会明白它名字的由来。泪珠形叶子上的图案让人联想到西瓜皮，而且巧了，它的茎还是红色的。如果你喜欢镜面草，你可能也会喜欢西瓜皮椒草，因为它们都是小巧可爱的植物。原产于南美洲的西瓜皮椒草，植株紧凑，特别适合较小的空间。一盆西瓜皮椒草看上去形单影只，不如和其他可爱的植物一起摆在窗台上。

如何养护西瓜皮椒草

｜土壤

　　使用通用盆土即可。你可以添加一点珍珠岩来改善排水情况，防止根部过潮。

西瓜皮椒草喜欢明亮的过滤光或间接光，例如从东向窗户照进来的光线，请远离阳光直射。

土壤表层约 1 厘米变干时浇水。这种热带植物不喜欢太干，也不喜欢太湿，否则会得根腐病。秋天和冬天少浇水。如果你家非常干燥，可以用卵石水盘增加湿度，夏天尤为需要。

16~27 摄氏度的温度适合它。

这种小家伙通常 15~20 厘米高。

当心根腐病、粉蚧或叶螨。

如果你想尝试繁殖植物，西瓜皮椒草是个不错的选择。你要做的就是把叶片插入排水良好的盆土中。

球兰

Hoya carnosa

　　球兰一直是室内植物中的宠儿，也许是因为它坚韧不拔。像大多数多肉植物一样，它可以在被忽视的情况下存活，所以特别适合健忘或经常旅行的人。如果你想让球兰茁壮成长并开花，一定要给它提供明亮的光，然后千万别过分呵护。这种植物还有点喜欢和盆长到一起，尤其在开出香气四溢、独一无二的花朵的时候。

　　作为一种攀缘植物或蔓生植物，你可以让它攀上棚架，或者让藤蔓从高高的花盆或吊篮上垂下来。它不会长得很快，所以不用担心客厅会被它占领。如果你觉得一般的球兰太过单调，看看三色球兰（Tricolor），它的叶边是白色和粉色的。

如何养护球兰

| 土壤

使用排水良好的通用盆土，可以添加珍珠岩来改善排水情况。

| 光照

球兰喜欢阳光直射的明亮光线，比如来自东向窗户的阳光。在阳光更充足的地方，要增加一些防护（如透光的窗帘），避免晒伤它。弱光下，球兰也能生长，但可能不会开花。

| 水和湿度

土壤表层约2.5厘米变干时浇水。冬天少浇水。

| 温度

16~27摄氏度的室温适合它。

| 尺寸

球兰是一种（攀缘）蔓生植物，藤蔓会长到几英尺长。

| 病虫害

当心粉蚧和根腐病。

| 其他提示

花谢后不要摘掉花梗，同一位置之后会再开花。

用茎尖扦插就能繁殖。

条纹十二卷

Haworthia Fasciata

　　矮小的它有着不可抗拒的魅力，我们也常用属名称呼它——十二卷（haworthia）。这种小多肉植物有斑马一样的白色条纹，适合绝大多数装饰风格和各类花盆：光滑的灰色陶瓷花盆，工业风混凝土花盆或是小巧的陶盆。让几株聚集在一个大点儿的花盆里，也可以将它们与其他多肉植物放在一起，组成个人精心打造的花园。条纹十二卷的尖端有刺，小心手指！

　　条纹十二卷是狭窄窗台或狭小空间的绝佳选择，也是上天赐给忘记浇水的园艺主人的礼物，因为它只要一点儿水就够了。

如何养护条纹十二卷

使用仙人掌和多肉植物专用盆土。

| 光照

条纹十二卷喜欢明亮的间接光线，例如来自东向或西向窗户的阳光。如果你想把它放在全日照的地方，要让它慢慢适应，以免晒伤叶子。

| 水和湿度

土壤表层约 2.5 厘米变干时再浇水，冬天少浇水。

| 温度

16~27 摄氏度的室温适合它。在冬天，它能承受 10~13 摄氏度的低温。

| 尺寸

这种小家伙能长到 7.5~10 厘米高。

| 病虫害

小心根腐病和晒伤。

| 其他提示

如果你的条纹十二卷看起来没什么变化，别担心，它就是长得很慢。

像芦荟一样，条纹十二卷也能长出植物宝宝（子株或侧枝），可以移植到花盆里。

金钱树

Zamioculcas zamiifolia

金钱树，在国外又名 ZZ 树，但 ZZ 树的名字与摇滚乐队无关，而是来自它的植物学名称 Zamioculcas zamiifolia。金钱树原产于非洲东部，也被称为"桑给巴尔宝石"（Zanzibar gem），非常耐旱，还能忍受微弱的光线和干燥的空气。像虎尾兰一样，金钱树几乎无懈可击，你照顾得越少越好。不管你忘记做什么，它的叶子仍然能保持光亮的绿色。我经常几周都不给我的金钱树浇水，它也从不抱怨。除了易于打理这个优点，金钱树还非常漂亮，尺寸适中，是最适合摆在沙发旁的中型室内绿植。小点儿的金钱树可以给桌子或花架增添光彩。

如何养护金钱树

| 土壤

使用仙人掌和多肉植物专用盆土或排水良好的通用盆土。

| 光照

金钱树可以忍受相对较弱的光照，例如在北向的窗户旁，但来自东向或西向的明亮的间接光会让它茁壮成长。避免阳光直射，不然会晒伤。

| 水和湿度

土壤表层约5厘米变干再浇水。如果不确定，就再等等，因为金钱树可以忍受干旱。土壤如果太干燥，它就会开始落叶；如果浇水太多，叶子就会变黄。它对湿度没有特别要求。

| 温度

16~27摄氏度的室温适合它生长。

| 尺寸

一株金钱树能长到大约60厘米高。

| 病虫害

如果浇水太多，你的金钱树容易患上根腐病。

处理植物时戴园艺手套准没错，尤其是和金钱树打交道的时候——它会释放刺激皮肤的汁液。

每隔一段时间，把你的金钱树拖进浴室冲个澡，冲掉叶片上积攒的灰尘；金钱树马上就会焕然一新，方便又快捷。但是如果植物太笨重不易搬运，你也可以用湿布擦拭叶片。

可以给一棵大金钱树分株，然后分别种到花盆里。

致谢

特别感谢芭芭拉·伯杰对我的信任，相信我有能力完成本书，同时感谢珍妮弗·威廉姆斯的推荐。我的编辑艾丽西娅·梁可以说是最棒的读者，她的评论、询问和细心编辑极大地提升了稿件质量，让文字更通俗易懂。还要感谢整个斯特林团队，特别是责任编辑斯考特·阿摩曼，感谢他对本书艺术与细节的考究；感谢大卫·特-阿瓦内斯扬，他设计的可爱封面恰如其分地展现了本书的气质；感谢内页设计师香农·普兰科特让这种气质渗透到每一页；感谢斯蒂芬妮·奥吉罗和辛西娅·卡里斯，为本书搜集恰当的配图。另外，特别感谢我的母亲罗薇娜·罗迪诺，她比我更了解植物，也在我心中种下了一颗很久之后才萌芽的种子。还有我的丈夫皮埃尔·鲍曼，他支持我所做的一切，包括买更多的植物。

这本书献给我的母亲——罗薇娜·罗迪诺，因为她每次来看我的时候都帮我除掉植物上的介壳虫。

资源库

常见植物信息

密苏里植物园（Missouri Botanical Garden.org）

这是特别棒的资料库。点击进入花园和园艺（Gardens & Gardening）页面，使用植物查找器（Plant Finder）即可准确无误地了解 7 500 多种植物的信息，包括室内植物、室外植物和可食用的花园植物。你甚至可以在植物简介中听到每一种植物的植物学名称如何发音。

植物名录（The Plant List.org）

这个网站集合了世界各地不同植物园信息，号称"所有已知植物的种类名录"。

历史

想要了解室内植物的历史，可以读一读托娃·马丁的《窗台上的曾经：室内植物史》（*Once Upon a Windowsill*, Timber Press, 1988）和凯瑟琳·霍伍德的《盆栽史：家中植物的故事》（*Potted History: The Story of Plants in the Home*, Frances Lincoln, 2007）。

植物问题

想要了解室内植物的任何问题，不管是详尽的文字说明，还是帮助理解的图片，请阅读大卫·迪尔多夫和凯瑟琳·沃兹沃斯的《我的室内植物出了什么问题？》（*What's Wrong with My Houseplant?* , Timber Press, 2016）。

播客

简·佩龙，前《卫报》记者，主持一档关于室内植物的精彩播客，名为"壁架上"（On the Ledge），可以在她的网站 JanePerrone.com 收听，或者通过你最喜欢的播客应用程序下载每期节目。

有毒植物

ASPCA 有毒和无毒植物名单

（http://www.aspca.org/pet-care/animal-poison-control/toxic-and-non-toxic-plants）
访问本网站，获取相关数据，了解哪些植物可能对你的宠物有害，哪些可以同你的宠物共处一室。植物的常用名和植物学名称都能搜到。

美国国家毒物控制中心 （https://www.poison.org/articles/plant）
美国国家毒物控制中心拥有一个有毒植物的数据库，还提供植物照片。

参考文献

"Air Plant Care." PistilsNursery.com. January 19, 2015. https://shop.pistilsnursery.com/blogs/the-care-blog/18673779-air-plant-care-how-to-care-for-air-plants-aeriums-and-tillandsia-mounts.

"'Bullet-Proof' Houseplants: Perfect for Low Light." GardensAlive. com. Accessed June 25, 2018. https://www.gardensalive.com/product/bulletproof-houseplants-perfect-for-low-light.

Cruso, Thalassa. *Making Things Grow Indoors*. New York: Knopf, 1969.

Darwin, Charles, to Asa Gray. Darwin Correspondence Project, "Letter no. 3662." Accessed June 25, 2018. https://www.darwinproject.ac.uk/letter/DCP-LETT-3662. xml.

Deardorff, David, and Kathryn Wadsworth. *What's Wrong with My Houseplant?* Portland, OR: Timber Press, 2016.

Dong, Qianni. "Problems Common to Many Indoor Plants." Missouri Botanical Garden. Accessed June 25, 2017. http://www.missouribotanicalgarden.org/gardens-gardening/your-garden/help-for-the-home-gardener/advice-tips-resources/visual-guides/problems-common-to-many-indoor-plants.aspx.

Hodgson, Larry. *Houseplants for Dummies*. Hoboken, NJ: Wiley, 2006.

Husted, Kristofor. "Can Gardening Help Troubled Minds Heal?" NPR.org, February 22, 2012. https://www.npr.org/sections/thesalt/2012/02/17/147050691/can-gardening-help-troubled-minds-heal.

Lee, Min-Sun, Juyoung Lee, Bum-Jin Park, and Yoshifumi Miyazak. "Interaction with Indoor Plants May Reduce Psychological and Physiological Stress by Suppressing Autonomic Nervous System Activity in Young Adults: A Randomized Crossover Study." *Journal of Physiological Anthropology* 34, no. 1 (2015) : 21. doi: 10.1186/s40101-015-0060-8. https://www.ncbi.nlm.nih.gov/pmc/articles/PMC4419447.

Livni, Ephrat. "The Japanese Practice of 'Forest Bathing' Is Scientifically Proven to Improve Your Health." *Quartz,* October 12, 2016. https://qz.com/804022/health-benefits-japanese-forest-bathing.

Martin, Tovah. *The Indestructible Houseplant.* Portland, OR: Timber Press, 2015.

Mason, Sandra. "Soil Conditioners Are Explained." The Homeowners Column, University of Illinois Extension. Accessed June 29, 2018. https://web.extension.illinois.edu/cfiv/homeowners/981128.html.

"Novice Paphiopedilum Culture Sheet." American Orchid Society. Accessed June 25, 2018. http://www.aos.org/orchids/culture-sheets/novice-paphiopedilum.aspx.

Park, Seong-Hyun, and Richard H. Mattson. "Ornamental Indoor Plants in Hospital Rooms Enhanced Health Outcomes of Patients Recovering from Surgery." *Journal of Alternative and Complementary Medicine* 15, no. 9 (September 2009) . doi: 10.1089/acm.2009.0075. https://www.ncbi.nlm.nih.gov/pubmed/19715461.

Perrone, Jane. "Orchids: Sow, Grow, Repeat Winter." Sow, Grow, Repeat. Podcast produced by Rowan Slaney. *The Guardian,* February 6, 2016. https://www.theguardian.com/lifeandstyle/audio/2016/feb/06/orchids-sow-grow-repeat-winter.

"Plants Clean Air and Water for Indoor Environments." NASA Spinoff. Accessed June 29, 2018. https://spinoff.nasa.gov/Spinoff2007/ps_3.html.

Pleasant, Barbara. *The Complete Houseplant Survival Manual.* North Adams, MA: Storey, 2005.

Ramsey, Ken. "Sphagnum Moss vs. Peat Moss." National Gardening Association, July 22, 2014. https://garden.org/ideas/view/drdawg/1972/Sphagnum-Moss-vs-Peat-Moss.

"Rooting Cuttings in Water." Missouri Botanical Garden. Accessed August 22, 2018. http://www.missouribotanicalgarden.org/gardens-gardening/your-garden/help-for-the-home-gardener/advice-tips-resources/visual-guides/rooting-cuttings-in-water.aspx.

"Sex and Lies," *Plants Behaving Badly.* Directed by Steve Nicholls, narrated by David Attenborough. PBS, 2013.

Stuart-Smith, Sue. "Horticultural Therapy: 'Gardening Makes Us Feel Renewed Inside." *The Telegraph*, May 31, 2014. https://www.telegraph.co.uk/gardening/10862087/Horticultural-therapy-Gardening-makes-us-feel-renewed-inside.html.

Vincent, Alice. "Succulents to Share: How to Propagate Houseplants in Glass." *The Telegraph*, February 9, 2018. https://www.telegraph.co.uk/gardening/how-to-grow/succulents-share-propagate-houseplants-glass/.

Wolverton, B. C., Willard L. Douglas, and Keith Bounds. "A Study of Interior Landscape Plants for Indoor Air Pollution Abatement." NASA, July 1989. https://archive.org/details/nasa_techdoc_19930072988.

图片来源

Alamy: De Agostini / G. Cigolini 80; Garden World Images Ltd 78; Steffen Hauser/botanikfoto 98; Fir Mamat 136; RF Company 112; DebraLee Wiseberg 50

Dreamstime: 88and84 back cover, 84; Artjazz 132; Bozhenamelnyk 88; Sakesan Khamsuwan 19; Sharaf Maksumov 4; Pinonsky 103; Shoeke27 62; Ivonne Wierink 148; Linda Williams 126; Zhaojiankang 121

Flickr: Scot Nelson 41, 43, 45

Getty: DEA / C. DANI 154; ML Harris 114; Sian Irvine 134

iStock: 200mm spine, 64; Abtop 101; KatarzynaBialasiewicz 7, 53, 118; brizmaker 37; Cleardesign1 30; Dar1930 60; FatCamera 25; fontgraf front cover; gyro 34; FeelPic 140; franhermenegildo 146; insjoy 92; Artem Khyzhynskiy 142; Bogdan Kurylo 36; LightFieldStudios front cover; loonara ii, x, xiii–xiv, 1, 58–59; OlgaMiltsova spine, 71, 124; Andrey Mitrofanov 46; Mykeyruna front cover; Andrey Nikitin 108; Noppharat05081977 40; timnewman 152; Chansom Pantip 48; OlgaPonomarenko 23; Povareshka vi–ix; kevinruss front cover; sagarmanis